VOYAGE
AU BRÉSIL.

IMPRIMERIE DE COSSON, RUE GARENCIÈRE, N° 5.

VOYAGE AU BRÉSIL,

DANS LES ANNÉES 1815, 1816 ET 1817,

PAR S. A. S. MAXIMILIEN,

PRINCE DE WIED-NEUWIED;

TRADUIT DE L'ALLEMAND

PAR J. B. B. EYRIÈS.

OUVRAGE ENRICHI D'UN SUPERBE ATLAS, COMPOSÉ DE 41 PLANCHES GRAVÉES EN TAILLE-DOUCE, ET DE TROIS CARTES.

TOME SECOND.

PARIS,

ARTHUS BERTRAND, LIBRAIRE,
RUE HAUTEFEUILLE, N° 23.
1821.

TABLE DES CHAPITRES

DU TOME SECOND.

FIN DE LA TABLE DU TOME SECOND.

VOYAGE

AU BRÉSIL.

CHAPITRE IX.

SÉJOUR A MORRO D'ARARA, MUCURI, VIÇOZA, ET CARAVELLAS, JUSQU'AU DÉPART POUR BELMONTE.

Du 5 février au 23 juin 1816.

Description de mon séjour à Morro d'Arara. —Parties de chasse. —Les Mundéos. —Séjour à Mucuri ; — à Viçoza ; — à Caravellas.

Pour se faire une idée de la vie que nous menions à Morro d'Arara, il faut se figurer une solitude dans laquelle une réunion d'hommes compose un avant-poste isolé, qui est abondamment fourni par la nature de gibier, de poissons et d'eau douce, mais en même temps absolument borné à lui-même par son éloignement des lieux habités, et obligé d'être toujours

sur ses gardes contre les sauvages habitans des forêts.

Des Patachos et des Boutocoudys venaient tous les jours rôder autour de nous pour nous observer; c'est pourquoi nous étions tous armés: nous formions une troupe d'une soixantaine d'hommes en état de combattre. Les abattis d'arbres étaient déjà commencés sur le flanc d'une montagne au bord du lac; ils étaient couchés sur place sans aucun ordre, comme s'ils eussent été renversés par un ouragan. Vingt-quatre Indiens, qui sont particulièrement propres à cette sorte d'ouvrage, partaient tous les matins, les uns avec des haches, les autres avec un *foucé* ou croissant emmanché au bout d'une longue perche; les premiers coupaient les grands arbres, les autres les broussailles et le jeune bois. Quand un arbre de forte dimension tombait, il en entraînait avec lui une quantité de moins gros, tant les lianes ligneuses entourent et réunissent fortement entre eux tous les arbres de ces forêts; quelques-uns en brisaient une quantité d'autres par leur chute; des troncs gigantesques restaient de bout comme des colonnes; des végétaux épineux, entre autres le palmier aïri, dont la tige est couverte d'aiguillons, étaient étendus à terre de tous les côtés, et rendaient cet abattis absolument im-pénétrable.

L'ouvidor avait fait élever sur les bords du lac une demi-douzaine de huttes, dont les toits étaient couverts de feuilles d'uricannas. Quatre Indiens, qui, de même que la plupart de leurs compatriotes, étaient très-bons chasseurs et encore meilleurs pêcheurs, partaient tous les matins pour pourvoir à la provision de la troupe, et examiner les *mundèos*, ou piéges à prendre les quadrupèdes: les soirs ils revenaient toujours chargés de gibier et de poissons, surtout de piabanhas, de traïvas, de piaux, de robals et d'autres espèces.

Quand tout notre monde était réuni le soir nous n'avions plus à craindre une attaque ou-verte des sauvages; ils n'en essaient guère pen-dant les nuits obscures; ils préfèrent les temps de clair de lune, comme celui de l'époque dont je parle; mais la vigilance de nos chiens nous préservait de leurs irruptions soudaines; le plus alerte était un grand chien qui appartenait à l'ouvidor; il semblait flairer les hommes quand ils se glissaient le long de la montagne de l'autre côté du lac; dans ce cas il se démenait comme un furieux, et hurlait sans interruption du côté suspect. Sans doute les Patachos, dans leurs sombres repaires, ne nous regardaient pas sans étonnement et sans déplaisir; et nos chasseurs avaient besoin de la plus grande circonspection pour ne pas s'en approcher imprudemment. Souvent ces sauvages contrefaisaient la voix des chouettes, du capueira et d'autres oiseaux, surtout de ceux qui ne la font entendre que le soir: mais nos Indiens, non moins habiles dans cet art, savaient distinguer la voix imitée de la voix naturelle; des hommes qui n'auraient pas connu cette finesse se seraient peut-être efforcés d'attraper l'oiseau qu'ils entendaient; et les flè- ches des Tapouyas leur auraient bientôt montré leur erreur.

Le soir quand nos Indiens dansaient la ba- duca au clair de la lune, ils marquaient toujours leurs pas d'un claquement de mains, indépen- damment du son de la guitare qui les accom- pagnait; les sauvages de l'autre côté du lac répétaient ce claquement. L'ouvidor, toujours occupé du soin de gagner les sauvages, essayá souvent de les attirer à lui; il leur criait dans leur langue *chamanih* (camarade) ou *capitam ney* (grand-chef), etc. Toutes ses tentatives furent

infructueuses, quoique nos Indiens, dont la sa-
gacité et l'expérience rendaient le coup d'œil
très-sûr, reconnussent fréquemment aux traces
des sauvages que pendant la nuit ils avaient
rôdé autour de nos abattis, et observé de tous
les côtés l'endroit où nous nous tenions. Un soir,
craignant d'être attaqués à l'improviste, car nos
chiens montraient une inquiétude extraordinaire, nous restâmes constamment sur nos
gardes, et quand on allait prendre de l'eau,
ramasser du bois, ou vaquer à toute autre besogne dans la forêt, c'était toujours les armes à
la main.

Nos collections d'histoire naturelle s'accru-
rent beaucoup à Morro d'Arara, surtout en
quadrupèdes, grâce à nos mundéos. Les Indiens
entendent très-bien l'art de dresser ces piéges :
on choisit pour les placer le voisinage du bord
d'une rivière dans la forêt; on y range sur une
ligne, qui forme un angle droit avec la rivière,
des fascines faites de branchages verts, et qui ont
deux pieds et demi à trois pieds de haut; à
chaque quinze ou vingt pas elles sont séparées
par une ouverture dans laquelle trois forts morceaux de bois sont placés en travers, et soutenus
dans un coin par de plus petits morceaux. Lors-

que les petits animaux viennent, suivant leur coutume, rôder le long du fleuve, ils cherchent un passage : trouvant une ouverture au-dessous des gros morceaux de bois, ils s'y engagent et marchent sur une claie de branchages ; celle-ci, par le mouvement qu'ils lui expriment, fait tomber sur leur dos la bascule qui les tue. On dresse trente, quarante, et même plus de ces mundèos sur une ligne, et chaque jour on y prend du gibier. Souvent, et surtout après les nuits bien noires, nous y trouvions cinq ou six animaux et même plus à la fois. Il est nécessaire de visiter ces piéges une à deux fois dans la journée; car dans les grandes chaleurs les mouches et la corruption gâtent bien vite les bêtes qui s'y trouvent prises. L'ouvidor avait fait dresser ces piéges dans deux endroits différens à Morro d'Arara; ils étaient notre principale ressource pour nos repas, car nous étions avec des gens qui se nourrissaient surtout de poisson; et nous autres Européens nous préférions la viande fraîche. Le paca (*cælogenys paca*), l'agouti (*dasypocta agouti*), le macura (*tinamus brasiliensis*), et le tatou ordinaire (*tatou noir* d'Azara), dont la chair est blanche, tendre et savoureuse, étaient les animaux que nous mangions avec le plus de plaisir.

Un jour que nous étions partis pour aller examiner les piéges, nous nous trouvions sur le lac, quand l'Indien qui conduisait ma pirogue nous fit tout à coup apercevoir un tapir qui était dans l'eau et nageait pour gagner le bord. Nous tirâmes de la distance d'où nous étions; la plupart des coups ne portèrent pas, cependant l'animal finit par être blessé, légèrement toutefois, la dragée ne pouvant pas pénétrer bien avant dans sa peau épaisse. Descendus à terre, nous suivîmes les traces de son sang; mais nous abandonnâmes bientôt notre poursuite à la vue d'un extrême danger que mon Indien courut, s'étant trop approché d'un jacarara, long de cinq pieds, qui était caché dans des feuillages secs: ce serpent se redressa, montra ses armes redoutables, et se disposait à mordre l'Indien; un coup de fusil que je tirai étendit mort ce reptile féroce, et sauva le chasseur épouvanté (1).

Les Indiens et même les Portugais qui chassent

____

(1) Le jacarara, dont parlent les relations des voyages modernes, est cité dans les systèmes d'histoire naturelle sous le nom de *vipera atrox*. Ce reptile diffère pourtant des.

vont toujours pieds nus; les souliers et les
bas sont pour l'habitant de la campagne de ces
contrées des objets rares et chers, dont il ne
fait usage qu'aux jours de fête; il est par conséquent exposé à la morsure des serpens qui souvent se tiennent cachés dans les amas de feuilles
sèches; mais cet accident est beaucoup plus
rare qu'on ne le croit. Toutefois l'on a dans ce
pays une crainte et une horreur excessive des
serpens; les gens du commun ont sur la nature
de ces animaux une foule de préjugés, la plupart
ridicules; on croit par exemple qu'il existe des
serpens à deux têtes, que d'autres sont attirés
par la lumière et par le feu, et que les espèces
dangereuses crachent leur venin quand elles
veulent boire.

Quelques jours après on me donna une espèce

---

vipères par l'ouverture des joues qui se trouve chez tous les
serpens venimeux de l'Amérique méridionale que j'ai eu
occasion d'examiner. On lit dans le *Magasin de la société
d'histoire naturelle de Berlin* (troisième année, p. 85), un
Mémoire de M. H. Tilesius sur le jacarara, si toutefois ce
nom désigne à Santa-Catalina le même nom que sur la
terre-ferme. Le jacarassu n'est que ce même reptile plus
âgé et très-grand, dont la couleur offre naturellement quelque différence.

de serpent non malfaisante et très-belle (1), dont la peau offrait alternativement des anneaux rouges de vermillon, noirs et verdâtres, et qui par leur figure ressemblaient assez à ceux du serpent corail (*cobra coraës*); mais ce sont deux espèces différentes.

La chasse était l'occupation la plus agréable, la plus utile et même l'unique que nous eussions dans cette solitude, quoique le peu de sûreté des forêts nous forçât de ne pas trop nous écarter, et nous fît une loi de ne sortir qu'en compagnie suffisamment nombreuse, nous revenions toujours bien chargés. Dès que nous mettions le nez hors de nos huttes le matin, nous entendions la voix forte de l'alouate ou barbados, qui faisait autant de bruit qu'un tambour, et les cris rauques du gigo, autre

---

(1) *Coluber formosus.* Espèce non encore décrite : longueur, trente-deux pouces cinq lignes, dont sept pouces pour la queue ; deux cent deux à deux cent trois plaques ventrales, et soixante à soixante-six plaques caudales ; tête couleur orangée vive ; iris rouges de carmin ; la bouche armée de soixante-seize dents ; moitié antérieure du corps, offrant alternativement des bandes noires et jaunes verdâtres pales ; la moitié postérieure, alternativement des bandes noires, et rouges de carmin larges. Très-bel animal.

espèce de singe non décrite (1). A ce concert discordant, dont les forêts retentissaient, se joignait la voix non moins criarde des araras qui passaient au-dessus de nos huttes par couples, ou par troupes de trois à quinze. Nous étions aussi assourdis par des volées d'autres espèces de perroquets, tels que des chauas, des maïtacas, des curicas, des jurus (*psittacus pulverulentus*, *L.*), et beaucoup d'autres.

Indépendamment de la chasse, nos gens s'occupaient aussi de finir le toit de leurs cabanes. Les deux grands bâtimens dans lesquels je demeurais avec l'ouvidor, les deux capitaines de vaisseaux et le mécanicien allemand Kramer, avaient des murs en terre et des toits qui étaient achevés. On se sert ici pour couvrir les maisons de feuilles d'uricanna, sorte de palmier qui a une tige mince et élastique. Ses grandes et belles

---

(1) *Callithrix melanochir*. Longueur, trente-cinq pouces dix lignes, la queue comprise, qui a vingt-un pouces dix lignes; poils longs, touffus et doux; face et les quatre mains noires; pelage mêlé de noir et de blanc sale; ce qui le fait paraître gris cendré; dos brun marron rougeâtre; queue blanchâtre, souvent presque blanche, et quelquefois teinte de jaune.

feuilles pinnées sans impaire sont disposées des deux côtés d'un long petiole. On en fait plusieurs paquets : ces petioles sont roulés autour d'une latte de bois de cocotier, et attachés en dessous avec une liane ou cipo verdadeira (*bauhinia*), qui a la longueur nécessaire pour nouer les paquets de feuilles les uns aux autres. Les lattes et les feuilles que l'on a ainsi nouées sont attachées les unes au-dessous des autres, de manière à ce qu'elles se recouvrent réciproquement dans les deux tiers de leur largeur. Le comble ou le faîtier du toit se couvre avec d'autres feuilles, notamment avec les longs panaches des cocotiers, afin de boucher complétement toute entrée à l'eau. Un toit semblable, que l'on fait très-bien dans ce canton, est léger et sûr. Il faut de temps en temps avoir la précaution d'y faire passer la fumée, car autrement les insectes rongeraient les feuilles desséchées.

On était aussi occupé à bâtir une grande cabane, qui devait servir d'atelier au forgeron ; car la dureté des bois qu'il fallait abattre et façonner était cause que l'on avait souvent besoin de réparer les outils. Le forgeron était un habitant du canton baigné par l'Alcobaça ; l'ouvidor l'avait envoyé dans cet endroit en

punition d'un délit que cet homme avait commis.
Pendant que l'on travaillait encore à construire
les maisons, les ouvriers, qui abattaient le bois,
nettoyèrent l'emplacement où l'on voulait établir la scierie.

Notre compagnie fut diminuée par le départ
de l'ouvidor, qui alla passer quelque temps à
Caravellas avec plusieurs de nos gens; mais
elle ne tarda pas à recevoir un accroissement
considérable. Le capitam Bento Lourenzo avait
avec ses mineïros, continué sa nouvelle route
si loin, qu'il était déjà très-près de notre solitude. Les Picadores, c'est ainsi que l'on nomme
les hommes qui devancent la troupe, et mar-
quent sur les arbres la direction que doivent
suivre ceux qui font les abattis, nous annon-
cèrent par leur arrivée l'approche de leurs
compagnons. Effectivement nous les vîmes
paraître le lendemain au soir. Le capitam avec
ses quatre-vingt-dix hommes vint camper
avec nous; le petit espace que nous occupions
fut si bien rempli que nous y étions un peu
serrés. Bientôt la joie éclata, et le son de la
guitare se fit entendre jusque bien avant dans
la nuit; on dansa la baduca, et de grands
feux firent disparaître l'obscurité en portant

leur clarté sur nos abattis et jusqu'aux bords du lac.

La longueur de la route depuis Mucuri jusqu'à Morro d'Arara est de sept à huit legoas. A peu de distance de ce dernier endroit les mineïros avaient rencontré un grand lac poissonneux, où les jacarès étaient fort communs; il avait fallu faire le tour de ce lac, puis traverser des marécages, opération qui, avec d'autres obstacles du même genre, avait beaucoup retardé leur travail. La diversité des races d'hommes qui composaient la troupe du capitam rendait l'aspect de notre camp singulier et pittoresque. Indépendamment de nous autres Allemands et des Portugaïs, il s'y trouvait des nègres, des créoles, des mulâtres, des mamelus, des Indiens côtiers, un Boutocoudy, un Malaly, quelques Maconys, des Capouchos ou Capochos, tous soldats de la province de Minas-Geraës.

Le capitam resta avec sa troupe quelques jours à Morro d'Arara, afin de faire réparer par notre forgeron les outils de fer et les batteries des fusils. En attendant ses gens travaillèrent tous les jours; ils firent passer la route près de nos abattis, puis la continuèrent

par-dessus le dos des montagnes, et tracèrent
un sentier ou *picadé,* depuis notre principal
derobadé ou abattis jusqu'au nouveau chemin,
sentier dont nous avons profité ensuite pour
chasser. Le 22 février la troupe du capitam
nous quitta pour continuer son travail dans les
forêts ; quelques-uns des nôtres l'accompagnèrent à une certaine distance. Avant de nous
séparer le capitam prépara dans un couïa l'espèce de boisson que l'on nomme *jacouba,*
que nous bûmes en nous disant adieu ; puis,
voulant nous rendre politesse pour politesse, il revint avec nous à Morro d'Arara. Le lendemain
il retourna vers sa troupe. Nous lui souhaitâmes
un plein succès dans son entreprise pénible ; à
cette époque de l'approche de la saison des
pluies, qui engendrent si aisément des maladies ; obligé de se livrer à des travaux longs
et difficiles au fond des forêts , le capitam
exécutait un projet accompagné de beaucoup
de dangers.

Morro d'Arara parut désert; le soir quand
les ouvriers revenaient au camp nous n'étions
en tout que vingt-neuf. Cependant notre chasse
n'en souffrit pas : on avait tendu de nouveaux
mundèos, qui nous fournirent beaucoup d'ani-

maux (1); on en tua aussi plusieurs à coups de fusil; il se trouva dans le nombre une trentaine de singes; les petits de quelques-uns de ceux-ci tombèrent entre nos mains; mais malgré tous nos soins ils moururent bientôt, probablement parce que nous ne pouvions pas leur donner la nourriture qui leur convenait.

Grâce à l'occupation que me fournit l'étude

------

(1) Pour donner une idée de la quantité de gibier que fournissent les antiques forêts du Brésil, je joins ici une liste des animaux tués ou pris au piége dans un espace de cinq semaines à Morro d'Arara.

5 Tapirs, CERFS; 1 guazupita; 2 guazubiras; 11 pecaris (*dicotyles labiatus*, Cuvier). SINGES; 9 barbados; 14 micos, espèce non décrite; 10 gigos; 10 coatis; 2 fourmiliers; 2 loutres; 4 iraras (*mustela*); 40 mbaracayas (*felis pardalis*); 5 gattos-pintados (*felis tigrina*); 2 gattos muriscos (*felis yaguarundi*); 5o tatous; 19 pacas (*cœlogenys paca*); 46 coutias ou agoutis (*dasyprocta agouti*).

Oiseaux bons à manger.

8 mutums (*crax alector*, *L.*); 5 jacutingas (*penelope leucoptera*, *L.*); 8 jacupembas (*penelope marail*, *L.*); 5 macucas (*magoua*, Buffon); 6 chororàos (*tinamus variegatus*, Latham); 4 patos (*anas moschata*, *L.*).

En tout 181 quadrupèdes mammifères et 3o gros oiseaux bons à manger.

des productions de la nature, le temps ne me parut pas long dans cette solitude. De tous les animaux que je trouvai dans ces forêts, je me contenterai de nommer quelques espèces non encore décrites, entre autres le cotinga pour-, pré (1); le sabiasicca, perroquet à voix chan-, geante, très-remarquable (2); le maïtaca à tête rouge, etc. On nous apportait le plus fréquemment parmi les insectes le *cerambix longimanus*, et parmi les reptiles le jabuti (*testudo tabulata*).

Après une absence d'à peu près trois semaines l'ouvidor revint avec ses pirogues et beaucoup de monde. Il nous apportait une triste nouvelle : le 28 février les sauvages avaient

---

(1) *Ampelis atro-purpurea.* Longueur , sept pouces neuf lignes; plumage des vieux oiseaux, pourpre noirâtre, passant au rouge vif sur le sommet de la tête ; plumes rectrices blanches; l'oiseau jeune est gris cendré avec les plumes rectrices blanches.

(2) *Psittacus Cyanogaster.* Plumage d'un beau vert foncé; tache bleu d'azur au ventre ; bec blanc , queue un peu allongée. On garde volontiers cet oiseau dans les appartemens à cause de sa voix.

égorgé cinq personnes, tant hommes que femmes et enfans, à peu près à une legoa de Villa do Port'Allegre, sur la nouvelle route ouverte par le capitam Bento Lourenzo. Quelques personnes, s'étant jetées dans le plus épais des bois à l'instant où elles aperçurent la troupe des Tapouyas qui venait les cerner, avaient eu le bonheur d'échapper. Un homme du Mucuri qui travaillait à son champ dans la forêt, à peu de distance du lieu de l'assasinat, ayant entendu les gémissemens des malheureuses victimes, prit les armes avec son fils pour voler au secours de ces infortunés : avant d'arriver à l'endroit où les sauvages commettaient leurs cruautés, le père tira un coup de fusil, ce qui mit ces barbares en fuite. Il trouva les cadavres de ses compatriotes percés de plusieurs coups de flèche, et couverts d'un grand nombre de petites blessures faites avec la pointe de cette arme. Un enfant, qui s'était dès le premier instant caché derrière un buisson, n'avait pas été aperçu par les sauvages : ce fut de lui que l'on apprit tous les détails de ce triste événement. Les sauvages ne se retirèrent pas après cet attentat; suivant leur coutume, ils rôdèrent dans le voisinage des plantations de Mucuri. Les habitans de cet établisse-

ment, saisis d'effroi, s'enfuirent à la Villa. L'ouvidor donna sur-le-champ des ordres de faire
une battue (*cintradé*), et de rassembler à cet
effet des hommes armés de San-Mateo, de
Villa-Verde, de Porto-Seguro et d'autres endroits; ensuite il était revenu au Morro d'Arara.

Étant allé avec une vingtaine de ses gens à la
nouvelle route de Minas, il y resta deux jours
dans la forêt pour niveler le courant d'eau nécessaire à la scierie. Les deux officiers de marine venus avec lui remontèrent le fleuve à
deux journées plus haut pour en relever le
cours, jusqu'à une cataracte; ils y rencon-
trèrent le capitam Bento Lourenzo, qui, avec
son monde, s'était avancé jusque dans ce canton.
Le 9 l'ouvidor reprit la route de la Villa, em-
menant avec lui les hommes et les armes qui
lui étaient nécessaires pour les employer contre
les sauvages. La battue ne produisit rien; on
ne trouva pas les Tapouyas; ils étaient trop
prudens pour avoir attendu leurs ennemis.

Je restai de nouveau seul avec le feitor de
la fazenda, mes deux Allemands, cinq nègres
et une demi-douzaine d'Indiens, qui continuaient
tout doucement le travail. Le clair de lune ayant
empêché nos mundeos de prendre beaucoup de

gibier, on résolut d'en placer de nouveaux sur une montagne au-delà de la nouvelle route ; on y arrangea trente piéges à bascule et deux fosses (*fojos*). Malgré le tort fréquent que nous causaient les Patachos, car ils enlevèrent quelques animaux pris au piége, et enfoncèrent la couverture d'une fosse, nous nous procurions toujours quelques pièces de gibier. Cela dura jusqu'au moment où le canton fut envahi par des ouvriers envoyés de la Villa, qui se mirent à abattre du bois pour la construction des canots : les arbres qu'ils choisissaient, tels que le jiguitiba, l'oitiçica et le cédro, sont les meilleurs pour la construction. On conçoit que leur occupation bruyante mit en fuite toutes les bêtes sauvages.

Le mois de mars arriva; alors commença la saison froide, qui s'annonce ici par des pluies abondantes. Le matin on éprouvait une grande chaleur, vers midi un orage violent, qui souvent durait deux jours, et envoyait sur la terre de véritables torrens de pluie. C'était un triste séjour par un temps pareil que notre petite vallée au milieu des forêts sombres: les vapeurs s'élevaient comme des nuages épais du milieu des grands bois humectés par les pluies, et nous enveloppaient d'un voile qui nous permettait à peine d'apercevoir les parties touffues situées vis-à-vis de nous. Cette température variable et humide engendra beaucoup de maladies : les fièvres, les maux de tête se manifestaient fréquemment. Les Indiens nés sous ce climat n'en furent pas exempts; il fallut en envoyer plusieurs à la Villa. Quant à nous, étrangers, nous souffrîmes particulièrement; nous manquions des médicamens nécessaires, et surtout de quinquina, qui est indispensable à tous les voyageurs, surtout dans ces contrées chaudes.

La fièvre avait aussi étendu ses ravages dans la troupe du capitam Bento Lourenzo; lui-même en fut attaqué, et bientôt affaibli à un point extrême : l'habitude de dormir sur la terre mouillée et dans l'atmosphère humide des forêts, le manque de boissons spiritueuses, l'usage de l'eau seule, la privation complète de médicamens convenables, toutes ces causes réunies contribuèrent à rendre ses gens si faibles, qu'il fut obligé comme moi de les envoyer à la Villa. Il vint au Morro d'Azara, où nous le soignâmes pendant quelque temps, et il s'en retourna un peu rétabli. La fièvre ne voulant pas non plus me quitter, je fis usage de l'écorce de quinquina (1) indigène, que j'avais appris à connaître ici de même qu'à Mucuri. Le capitam l'avait employée pour se rétablir. Les morceaux que l'on m'en donna étaient très-épais et encore frais ; en conséquence on ne pouvait pas les bien pulvériser ; nous les coupâmes en petits morceaux, et nous en fîmes une décoction très-forte, que nous bûmes. Ce remède soulageait les Portugais accoutumés à ce climat ; quant à nous autres Allemands, nous n'en éprouvâmes qu'un retard dans l'accès, qui revint ensuite avec plus de violence. Le défaut d'une nourriture convenable nous devenant de plus en plus sensible dans cette déplorable situation, et voyant, pour ce qui me concernait, que je ne pourrais pas recouvrer la santé tant que je serais réduit à manger des haricots noirs et de la viande grasse ou salée, les seuls alimens dont nous avions été obligés de nous contenter, je résolus de retourner à la Villa, ce que j'effectuai le 10 mars.

Les vents impétueux, qui dans cette saison

---

(1) *Voyez* la note à la fin du volume.

rÈgnent le long des côtes maritimes, sont beaucoup plus supportables pour la santé que l'air
épais, humide et chaud des forêts. Notre voyage,
en descendant le Mucuri, a été fort agréable,
parce qu'il n'a pas tombé de pluie. La Villa
était, de même que la solitude au milieu des
forêts, dépourvue de provisions fraîches, car ce
lieu est très-pauvre ; il ne s'y trouvait que de
la farinha, des haricots, et quelquefois un peu
de poisson; cependant nous pûmes acheter des
poules, qui furent un aliment très-agréable et
très-sain pour nous autres malades. Le quinquina du Brésil ne nous procurant pas de sou-
lagement apparent, j'expédiai à Villa de San-
Mateo un exprès, qui me rapporta de la véritable
écorce de quinquina du Pérou : elle ne tarda
pas à opérer notre guérison; mais il se passa
encore plusieurs semaines avant que nous pussions nous remettre de notre affaiblissement
extrême.

Dans les premiers jours de mai M. Freyress
arriva à Mucuri avec le reste de notre troupe. Il
avait fait un court séjour à Linharès sur le Rio-
Doçe : les établissemens n'y étaient plus dans le
même état où nous les avions vus lorsque nous
y étions ensemble. Les Boutocoudys s'y étaient

montrés plus hardis, plus féroces, et de nouveau en très-grand nombre ; ils avaient égorgé,
et, l'on ajoutait, mangé trois soldats sur la rive
méridionale du fleuve, à peu de distance du
quartel d'Agniar, près du lac dos Indios. En
conséquence, on avait envoyé de Linharès
contre eux tous les hommes que l'on avait pu
rassembler, ce qui formait une troupe de trente-
huit personnes armées : mais la horde des sauvages était si forte que l'on jugea conforme à
la prudence de faire retraite. Dans un seul de
leurs tocayas (1) on trouva quarante hommes
armés d'arcs et prêts à tirer. L'issue de cette
affaire avait répandu une terreur panique à
Linharès : suivant le récit de M. Freyress,
les habitans de cet endroit le quittaient au nombre de quatre et de huit à la fois, pour ne pas
être dévorés par les cannibales. La fazenda de
M. Calmon était dans une position extrêmement inquiétante et dangereuse. Le guarda-
mor, que l'on retenait prisonnier à Linharès,

----

(1) Les tocayas sont des lieux que les sauvages arrangent
dans les forêts pour y attendre leurs ennemis en embuscade :
Ils en font ordinairement plusieurs dans des endroits différens. J'aurai par la suite occasion de revenir sur ce sujet.

s'était enfui à San-Mateo ; le commandant du quartel de Porto-de-Souza avait déserté avec six soldats ; en un mot tout annonçait la frayeur générale ; de sorte que cet établissement, situé dans un canton extrêmement fertile, pourrait bien être près de sa fin si le gouvernement ne prend pas des mesures plus efficaces.

Après avoir passé quelques semaines à Mucuri avec M. Freyress pour attendre le rétablissement complet des malades, nous allâmes à Villa-Viçoza, où nous fûmes logés dans la casa da Camara. Notre séjour y fut mis à profit, et nous parcourûmes tout le territoire voisin.

Villa-Viçoza est un petit bourg très-agréablement situé, et entremêlé de touffes de cocotiers. Il fait le commerce de farinha, qui s'expédie le long de la côte : l'exportation s'en est montée l'année dernière à 9000 alqueirès, dont la valeur était de 9000 cruzades (27,000 francs). Plusieurs habitans ont de petits lanchas, sur lesquels on expédie au dehors les produits des plantations. Un constructeur de navire, Allemand de nation, jeté sur cette côte par le naufrage d'un bâtiment anglais, exerce sa profession à Villa-Viçoza : il vint nous voir : mais il parlait bien mal sa langue maternelle ; on le prend dans le pays pour un Anglais.

Les propriétaires des lanchas sont les habitans les plus riches et les plus considérés de Villa-Viçoza : l'un d'eux, M. Bernardo da Motta, se distingue par son caractère bienfaisant et sa probité. La connaissance et une longue expérience qu'il a acquise de plusieurs maladies du pays l'ont mis en état de rendre service à ses concitoyens par ses conseils et par la distribution de remèdes éprouvés. Sous le climat ardent du Brésil les hommes sont exposés à des maux nombreux, surtout à diverses maladies de peau et à des fièvres tenaces : traitées convenablement par des médecins ou des chirurgiens habiles, elles sont rarement dangereuses ; mais, faute de secours appropriés aux circonstances et de traitement raisonnable, elles enlèvent beaucoup de monde. M. da Motta a cherché à remédier à ce grave inconvénient à Villa-Viçoza autant qu'il lui a été possible : quoiqu'il ne possède pas des connaissances théoriques en médecine, son expérience lui a fait connaître plusieurs traitemens excellens ; et la modeste complaisance avec laquelle il essaie toutes les recettes bonnes et utiles qu'on lui communique, ainsi que la reconnaissance qu'il en témoigne, augmentent sans cesse la sphère de sa science et de sa pratique généreuse.

Le plus grand bienfait que le roi pourrait accorder à ses sujets du Brésil serait d'établir dans les différentes parties du pays des médecins et des chirurgiens habiles, et de fonder de bonnes écoles publiques dans la campagne, afin de faire disparaître peu à peu dans la classe inférieure l'ignorance grossière et la superstition aveugle, sources de tant de misère et de corruption. Ces établissemens d'instruction publique manquent entièrement. Des ecclésiastiques présomptueux, dépourvus des moyens et de la volonté de travailler à l'instruction et à l'éducation du peuple, contribuent au contraire de tous leurs efforts à étouffer sa raison et ses facultés intellectuelles, et mettent des obstacles à la propagation d'un enseignement judicieux. Les gens du commun joignent à leur grossièreté un orgueil et un amour-propre excessifs. Leur ignorance totale de l'état du reste du monde est, en grande partie, une conséquence du système désastreux que le gouvernement portugais suivait autrefois pour le Brésil, qui était de priver entièrement ce pays de communications au dehors. Un étranger y est regardé comme une espèce de monstre, ou de créature demi-humaine. Toutefois le spectacle de ces ténèbres est bien moins affligeant depuis que l'on peut espérer de les voir disparaître par les efforts du gouvernement actuel, composé d'hommes amis des lumières.

Le Péruipé, qui est passablement large, forme avant de se jeter dans la mer deux embouchures, dont l'une, nommée *Barra-Velha*, est située sous les 18° de latitude sud; ses bords ne sont habités qu'à peu de distance de la mer; l'on a établi le quartel de Caparica, pour défendre contre les Tapoüyas les plantations les plus éloignées. Des bancs de sable situés devant son embouchure rendent la navigation peu sûre. Durant notre séjour un navire chargé de farinha y échoua : quatre hommes perdirent la vie dans cette occasion. Les écueils connus sous le nom d'*abrolhos*, et redoutés des navigateurs, se trouvent au large à peu près entre Caravellas et Villa-Viçoza, à peu de distance de la côte. Les pêcheurs y vont avec leurs pirogues, y restent plusieurs jours, et même pendant des semaines, pour y pêcher du poisson et

des tortues qui y abondent. Ces îles sont couvertes de buissons bas, dans lesquels une multitude d'oiseaux de mer, notamment de grapi-
ras (*halieus forficatus*), font leur nid.

Les environs de Viçoza offrent une continuité de belles forêts, dont le sol était sous l'eau
par une suite de l'abondance des pluies de la
saison. Des arbres majestueux y répandent une
ombre fraîche; nous y avons surtout trouvé
beaucoup de cocotiers. La liste que j'en donne-
rai plus bas indiquera les espèces connues des
habitans. Quant aux palmiers en général, je
vais présenter la notice de ceux que l'on connaît dans le pays arrosé par le Mucuri et le Péruipé : ils ont tous l'aspect du genre *coco*; mais
on ne peut pas dire avec certitude que tous lui
appartiennent réellement, car nous n'eûmes pas
toujours l'occasion d'examiner leurs fleurs (1).
Sans doute des observations exactes, faites par
les botanistes, nous fourniront bientôt des notions plus précises sur cet objet.

---

(1) On peut, au sujet de la difficulté d'examiner la fruc-
tification des palmiers, consulter ce que dit M. de Humboldt.
Ansichten der natur, p. 243.
Tableaux de la nature, tom. II, p. 118.

PALMIERS.

A. — Non épineux :

1. *Coco de bahia* (*cocos nucifera. L.*). Le cocotier n'est point indigène ; on le cultive depuis Mucuri, ou depuis les 18° de latitude sud jusqu'à Bahia et Pernambouc ; il est très-commun dans toute cette étendue de côtes : plus au sud au contraire, ainsi que je l'ai déjà observé, il est très-rare. On le reconnaît dans sa jeunesse par sa tige renflée près de terre.

2. *Coco de imburi.* Feuilles étroites, de longueur médiocre, d'un blanc argenté en dessous, d'un vert brillant en dessus ; produit une grappe de petites noix dures qui ne sont mangées que par les sauvages.

3. *Coco de pindoba* (1). Dépourvu de tige ;

---

(1) Dans les diverses espèces de palmier dont je fais mention les épithètes ajoutées au mot *coco* sont la plupart les vrais noms qu'ils avaient autrefois dans la langue des Toupinambas, et des autres tribus de Toupis, qui s'en rapprochent. C'est ainsi qu'un de leurs chefs les plus célèbres se nommait *Pindabousie* ou le *grand Palmier Pindoba.* Southey. *History.* etc., tom. I, p. 288.

du collet de la racine partent de longues feuilles fort belles; sa grappe de noix comestibles pousse par conséquent à ras de terre.

4. *Coco de pati*. Forme une tige haute et épaisse, qui supporte des feuilles nombreuses, fortes, larges, colossales. L'aspect de cet arbre est magnifique; la grappe est très-grosse, et composée de beaucoup de petites noix dures.

5. *Coco ndaïà assù*. Tige haute et forte; belles feuilles, pinnées, pétiole commun, ligneux, folioles rapprochées, glabres unies, entières, acuminées; d'un vert foncé luisant en dessus, d'un brun clair luisant en dessous; grappe des fruits fort grosse; noix comestibles nombreuses, longues de cinq pouces : un homme ne peut pas porter cette grappe. L'arbre est majestueux; c'est un des plus beaux palmiers de ce pays. Il s'en trouvait quelques-uns de toute beauté le long du lac d'Arara.

6. *Coco de palmito*, nommé *coco de jis-sara* le long du Rio-Doçe et dans les territoires méridionaux au nord du Mucuri. Ce palmier est le plus joli et le plus élégant de tous. Tige très-haute et svelte; cime ornée seulement

d'une dizaine de belles feuilles vertes, luisantes, pinnées, dont les folioles sont rapprochées et qui se courbent comme des plumes d'autruche. Au-dessous de la touffe de feuillage, la tige d'un gris argenté offre un appendice vert, luisant, long de trois à quatre pieds, qui est le bourgeon renfermant les feuilles et les fleurs non encore développées ; sa substance est moelleuse ; on lui dónne le nom de *palmito*, et on le mange. Entre la partie ligneuse de la tige et cet appendice sort le péduncule jaunâtre des fleurs, auquel succède une petite grappe de noix noires, dont la grosseur égale à peine celle d'une noisette.

7. *Coco de guriri* (*pissandó des Indiens*). Palmier nain qui croît dans les sables de la plage ; feuilles lisses, pinnées, courbées, folioles un peu roulées et doubles. Il pousse à fleur de terre une grappe de petites noix un peu acuminées à leur partie inférieure, et revêtues d'une pulpe douce d'un jaune rougeâtre. On la mange.

8. *Coco de piassaba* ou *piaçaba*. C'est un des plus utiles, des plus remarquables, et en

même temps des plus beaux. Le fruit a la grosseur et la forme de celui du coco ndaïa assù. On
commence à trouver ce cocotier dans les environs de Porto-Seguro : à mesure qu'on avance
au nord il devient plus commun ; il abonde
surtout dans le comarca dos Ilheos. Sa tige
est haute et forte ; les folioles des feuilles sont
un peu isolées ; le feuillage se redresse, et ne
se recourbe pas comme dans les autres cocotiers, ce qui lui donne l'aspect de l'aigrette
de héron dont le turban du grand-seigneur est
orné. Le spathe des feuilles, quand il est flé-
tri, tombe en longs filamens ligneux et souples,
dont on fabrique des cordages pour les navires. On travaille les noix au tour pour en
faire des chapelets.

9. *Coco de aricuri* ou *aracui*. Palmier haut
de quinze à dix-huit pieds, qui croît dans le
sable le long de la côte de la mer dans les environs d'Alcobaça et de Belmonte ; il a trois à
quatre feuilles ou un plus grand nombre ; leur
pétiole est muni des deux côtés d'excroissances
obtuses et épineuses. Quand le feuillage tombe
ce pétiole reste, et forme une tige courte et
très-rude. Le feuillage est élégamment arqué,

d'un vert brillant et lisse. La grappe porte une quantité de fruits osseux de la grosseur d'une forte prune ronde, et revêtus d'une pulpe couleur d'orange. On fait avec les feuilles des chapeaux de paille légers.

B. — Epineux :

10. *Coco de aïri-assù*, ou le grand palmier aïri, nommé *brejeuba* dans quelques cantons de Minas-Geraës. Tige moyenne, n'ayant pas plus de vingt à trente pieds de haut, de couleur brune noirâtre, et entièrement couverte de longues épines brunes noires disposées en anneaux. Grappe garnie de petites noix brunes noires, très-dures, un peu pointues, et de la grosseur d'une prune. Dans les endroits où ces palmiers sont nombreux ils forment des halliers impénétrables ; ils croissent dans les forêts sèches. Plus au nord on ne les rencontre point, et je n'en ai plus vu dans les environs de Porto-Seguro. Les Pourys, les Patachos et les Boutocoudys qui habitent le long du Rio-Doçe, font leurs arcs du bois de cet arbre, tandis que les tribus qui vivent plus au nord, même les Boutocoudys du Rio-Grande de Belmonte et les

Patachos du Rio-do-Prado, se servent à cet effet du pao d'arco (*bois d'arc*, espèce de bignonia).

11. *Coco de aïri mirim.* Tige mince et épineuse ; feuilles à l'extrémité et le long de la tige ; fruits petits : les enfans les mangent.

12. *Coco de tucum.* Tige haute de quinze palmes ou empans. Il croît dans les marais, tandis qu'au contraire les palmiers aïri préfèrent les terrains secs. Tige et feuilles épineuses ; noix petites et noires renfermant une amande qui se mange. Quand on casse les pétioles on aperçoit des fibres vertes et tendres qui sont très-fortes, et dont on fait des cordons ; on en fabrique du fil ; que l'on emploie à faire des filets à pêcher de couleur verte, et d'autres objets.

Quoique tous ces palmiers offrent aux yeux des botanistes des différences caractéristiques, tous ont une forme générale qui leur est commune ; celle du genre coco : elle consiste en une tige svelte, renflée chez les uns dans la partie supérieure, chez les autres dans la partie inférieure, de grosseur égale chez quelques-uns ;

chez presque tous elle est. obliquement angu-
leuse et pourvue d'anneaux renflés; annelée ou
écailleuse dans la partie supérieure; feuilles
pinnées comme des plumes d'autruche, et recourbées élégamment; folioles quelquefois frisées, un peu roulées en dedans, quelquefois
roides : l'imburi les a frisées et de teinte ar-
gentée; le jissara les a doucement recourbées
comme des plumes; elles sont montantes, étendues dans toutes les directions, et pendantes
jusqu'à terre dans le ndaïa; verticales et roides
dans le piassaba, etc.

On voit d'après ce qui précède que la contrée que j'ai parcourue est beaucoup moins riche en palmiers que les régions du continent de
l'Amérique méridionale, plus rapprochées de
l'équateur, où M. de Humboldt a trouvé une
quantité considérable de ces beaux arbres, qui
sont l'orgueil du règne végétal, et dont il donne
une description pleine de charmes dans son
excellent ouvrage des *Tableaux de la Nature* (1).

Dans la haute région des Andes du Pérou

----

(1) *Ansichten der Natur*, p. 245.
Tableaux de la Nature, tom. II, p. 118.

la forme des fougères arborescentes se rattache à celle des palmiers ; ces fougères manquent sur la côte orientale du Brésil, quoique des écrits modernes les y aient placées, ce qui est inexact. En revanche les espèces les moins hautes de cette famille de plantes sont très-nombreuses et très-multipliées à terre et sur les arbres ; on remarque entre autres, le long du Mucuri et dans les environs de Caravellas, le *mertensia dichotoma,* qui monte assez haut sur les arbres, et se fait reconnaître à ses branches bifurquées. Les nègres vident ses tiges lisses et d'un brun brillant de la moelle qu'elles contiennent, et en font des tuyaux de pipe nommés *canudo de samambaya.*

Ce ne fut pas seulement pour la botanique que les forêts de Viçoza nous parurent intéressantes ; elles nous présentèrent aussi des trésors en zoologie. La saison froide fait sortir des sertoës intérieurs une quantité d'oiseaux des forêts, qui vont le long de la côte ; c'est ce qui procura à nos chasseurs un riche butin en perroquets, notamment en maïtaccas (*psittacus menstruus. L.*), en toucans, etc. Nous fûmes obligés d'en faire notre nourriture. La chair de perroquet fait d'excellent bouillon ; mais je n'ai pas vu qu'elle fût employée comme médicament, ainsi que le dit Southey (1). Le cotinga pourpré noirâtre (*ampelis atro-purpurea*) était commun dans ces forêts ; on voyait plus rarement sur le Mucuri le cotinga bleu (*kiroua* ou *crejoa*; *ampelis cotinga. L.*), qui se distingue de tous les oiseaux du Brésil par son plumage d'un bleu brillant ; une nouvelle espèce de perroquet (2), et d'autres oiseaux. Les religieuses de Bahia emploient les magnifiques plumes du kiroua dans la composition de leurs bouquets de fleurs. On a quelquefois envoyé à la capitale des quantités considérables de peaux de cet oiseau. Parmi les petits oiseaux , le grimpereau bleu (*nectarinia*

______

(1) *History of Brazil* , tom. I, p. 627.

(2) Longueur cinq pouces neuf lignes, queue courte ; couleur verte; poitrine, ventre et côtés tirant sur le bleuâtre; dos noirâtre foncé, brun de café ou noir de fumée; croupion presque entièrement noir ; les deux plumes du milieu de la queue vertes , avec la moitié de leur racine rouge ; les autres d'un beau rouge avec une large pointe noire. Dans le muséum de Berlin l'on a nommé cet oiseau *Psittacus melanonotus*. Le caractère principal de cette espèce, mais qui ne se reconnaît que dans l'individu frais , est d'avoir une membrane nue et rouge de vermillon autour des yeux.

cyanea (1)) et le spiza sont les plus re—marquables ; on leur donne en général le nom de *caï*.

Nous nous procurâmes aussi de beaux ser-pens, entre autres plusieurs jararaccas, et une peau de jiboya (*boa constrictor*. Daudin). Ce reptile n'habite pas l'Afrique comme Daudin le prétend ; c'est l'espèce la plus commune du genre au Brésil.

Le 11 juin je quittai Viçoza pour aller à ravellas, où j'attendis l'arrivée du navire *le Casqueiro* (2) de Rio-de-Janeïro.

---

(1) *Certhia cyanea*. L.

(1) On appelle *casqueiro* le lieu où l'on écorce et équarrit les arbres avant de les façonner. Ce nom vient de *casca* écorce (E).

CHAPITRE X.

VOYAGE DE CARAVELLAS AU RIO GRANDE DE BELMONTE.

Rio et Villa de Alcobaça. — Rio et Villa do Prado. — Les Patachos. — Les Machacalis. — Comechatiba. — Rio do Frade. — Trancozo. — Porto-Séguro. — Santa Cruz. — Mogiquiçaba. — Belmonte.

APRÈS un séjour de quatre semaines à Caravellas nous vîmes enfin arriver *le Casqueiro*, attendu depuis si long-temps : il nous apporta de Rio-de-Janeïro plusieurs choses dont nous avions besoin, et emporta nos collections pour les remettre à nos amis de la capitale. Le capitam Bento Lourenzo était aussi venu à Caravellas après avoir terminé la plus grande partie du chemin. Il partit pour Rio, où, ainsi qu'il me l'a mandé depuis, on le récompensa de sa persévérance en le nommant colonel, inspecteur du chemin du Mucuri, et chevalier d'un ordre. Toutes nos occupations étant mises de côté, je poursuivis mon voyage au nord le long de la côte. M. Freyreiss resta avec son monde sur le Mucuri.

Je quittai Caravellas le 23 juillet 1816 : quoique l'on fût alors dans la saison la plus froide de ce pays, la chaleur n'en était pas moins accablante. Les habitans souffraient beaucoup de catharres, de rhumes, de maux de tête, car ce temps, que l'on appelle froid, produit sur leurs corps, accoutumés à la chaleur, le même effet qui résulte chez nous des premières gelées des mois de novembre et de décembre. Plusieurs habitans de Caravellas étaient morts des maladies produites par le changement de température, tandis que nous autres étrangers nous n'en souffrions pas beaucoup.

La prairie ouverte dans laquelle Caravellas est bâti est environnée de tous côtés de forêts et de bois, où les plantations des habitans sont éparses. Dans les autres saisons cette forêt est plus agréable que dans ce moment ; en effet elle me parut beaucoup plus belle lorsque je la visitai de nouveau au mois de novembre suivant, c'est-à-dire au commencement du printemps de ces régions. Le chant du sabiah (*turdus rufiventris*) retentissait sous l'ombrage épais des cocotiers : je trouvai un de ces arbres que le hasard avait fait pousser dans le creux d'un arbre antique et colossal de cette forêt, et qui était déjà parvenu à une hauteur assez grande. On voyage à travers cette forêt jusqu'à l'embouchure du Caravellas, où une douzaine de cabanes de pêcheurs forment un petit povoaçao.

L'embouchure du fleuve est large et sûre ; on continue ensuite sa route le long du rivage plat et sablonneux, contre lequel la mer, agitée par le vent, poussait en ce moment ses vagues bruyantes. Du côté de terre cette plage est bornée par des buissons épais que le vent tient très-bas : ils sont composés d'arbres et d'arbrissaux à feuilles d'un vert foncé, comme celles du laurier ; quelques-uns sont laiteux, pleins de suc, et roides comme les deux espèces de clutia à grandes et belles fleurs blanches et roses, qui sont très-communes tout le long du rivage. Ici, de même que dans toute l'étendue de la côte orientale, croît abondamment un arbrisseau très – aromatique dans toutes ses parties ; on le nomme almeçiga (*icica*, *amyris*. Aublet). Il en découle une résine d'une odeur très-forte, dont on se sert à différens usages, surtout en guise de goudron ou de brai pour les vaisseaux, et comme baume et remède pour les plaies.

Les halliers bas, près de la mer, sont principalement formés de deux espèces de cocotiers qui croissent ordinairement sur la côte, et dont j'ai parlé plus haut en décrivant mon séjour à Mucuri ; ce sont le coco de guriri et le coco de aricuri : le premier était en fleur, et chargé de grappes de fruits non encore mûrs ; le second est plus beau, et s'élève jusqu'à douze ou quinze pieds quand il n'est pas trop exposé au vent de la mer ; sur le rivage il est beaucoup plus petit. Son joli fruit rond, de couleur orange, est agréable au goût, mais il passe pour malsain.

Dans les endroits où le sable est ferme, et où les flots de la mer, après s'être brisés contre la côte, ne parviennent pas, rampe une belle ipomaea à fleurs pourprées (*ipomœa littoralis*), à branches alongées, d'un brun-noirâtre, semblables à des cordes, et à feuilles épaisses, oviformes, laiteuses : nous l'avons trouvée presque partout le long de la côte, où elle retient le sable. Deux arbustes de la Diadelphie, à fleurs jaunes, produisent le même effet ; l'un, qui est bas, étalé à terre et porte un fruit articulé, est une nouvelle espèce de sophora ; l'autre est le chicot (*guilandina bonduc. L.*), qui s'élève souvent à trois et quatre pieds avec des pousses larges, courtes, garnies de forts piquans. Au milieu de ces plantes croît partout en abondance le *remirea littoralis*, qui a des tiges et des feuilles un peu piquantes.

Vers le soir nous sommes arrivés à un courant d'eau rapide nommé la *Barra-Velha*; c'est l'ancienne embouchure de l'Alcobaça, dont nous n'avons pas tardé à atteindre les bords. Tous ces petits courans d'eau qui coupent la côte maritime causent souvent de grands inconvéniens aux voyageurs, car ils peuvent le retenir pendant six et même huit heures. Nous parvînmes sur les rives de la Barra-Velha dans un temps défavorable; elle était extrêmement gonflée; je n'eus donc d'autre parti à prendre que de faire ôter la charge de mes mulets, et de camper dans cet endroit. Nous n'apprîmes que plus tard qu'il se trouvait des habitations derrière les bois.

Une vieille souche abattue nous mettait à l'abri du vent de la mer, qui était perçant et qui chassait vers nous le sable du rivage de la côte; nous avons allumé un bon feu, et nous nous sommes couchés en rond sur des couvertures et des manteaux qui ne nous préservaient pas complètement du vent froid. Nous dormîmes assez mal après un repas très-mince, et nous attendîmes impatiemment le retour de l'aurore. Ce ne fut qu'à dix heures que la marée fut montée assez haut pour que nous pussions faire passer nos animaux à la nage ; nos gens portèrent le bagage sur leurs têtes. Durant notre séjour nous vîmes une belle frégate. Cet oiseau plane fréquemment en troupes de quatre à cinq et même plus, à une très-grande hauteur au-dessus de la côte.

Nous n'avons pas tardé à arriver à l'embouchure de l'Alcobaça, qui est assez fort en entrant dans l'Océan : ses rives, dans le voisinage de la mer, sont couvertes de bois touffus de mangliers, qui ne tardent pas à faire place aux forêts. On a bâti sur la rive gauche ou septentrionale du fleuve, à peu de distance de son embouchure, Villa de Alcobaça : elle est située sur une plage de sable blanc, couverte d'un gazon court, de mimosas rampantes, de dentelaires à fleurs blanches, et de pervenche à fleurs couleur de rose (*vinca rosea*). Alcobaça renferme à peu près 200 maisons et 900 habitans. La plupart des maisons sont couvertes en tuiles;

l'église est bâtie en pierres. On fait dans cette ville, comme dans toutes celles de la côte, le commerce de farinha ; Alcobaça en exporte 40,000 alqueirès, qui vont dans les villes les plus considérables et dans tous les endroits où cette denrée est moins abondante. Ce commerce se fait par quelques lanchas, qui rapportent de Bahia d'autres marchandises. Ces petits bâtimens remontent le fleuve assez haut jusqu'à la plantation de M. Munis Cordeïro, un des principaux habitans d'Alcobaça, et qui, par son caractère loyal, mérite la haute réputation dont il jouit parmi ses concitoyens.

L'Alcobaça, nommé *Tanian* ou *Itanian* (*Itanhem*) dans la langue des indigènes du Brésil, est très-poissonneux : on dit que l'on y a pris des lamantins. Son embouchure a une barre de sable sur laquelle l'eau est profonde de douze à quatorze palmes ; de grands sumacas chargés peuvent la passer. Les sertoës ou forêts qui couvrent ses rives sont habitées par les Patachos et les Machacalis, deux peuplades sauvages dont j'ai souvent parlé. Dans ces quartiers, et plus au nord, elles font des visites paisibles aux demeures des blancs, et y échangent quelquefois de la cire ou des animaux bons à manger contre d'autres denrées. Ces sauvages s'étant aujourd'hui enfoncés plus profondément dans les grandes forêts, nous n'en avons vu aucun.

Les forêts de l'Alcobaça renferment une quantité de bois et de plantes utiles; on y trouve aussi le pao-brazil, et surtout beaucoup de jacaranda et de vinhatico, que l'on se procure par les Indiens civilisés. Ce sont eux qui ont d'abord formé la population de Villa de Alcobaça ; ils ont ensuite été en grande partie remplacés par les blancs et les nègres.

La position d'Alcobaça est saine , l'air étant constamment rafraîchi par les vents de mer; cependant ces mêmes vents et les tempêtes sont très-désagréables pendant une grande partie de l'année. A cinq legoas au nord de l'Alcobaça est l'embouchure du Rio-do-Prado , nommé autrefois *Sucurucù* (1) par les indigènes de ce canton. La route pour y aller en suivant la côte, passe sur une plage sablonneuse et ferme, contre laquelle la mer , agitée par un vent très-fort , brisait avec furie. Les bosquets touffus de palmiers guriri et aricuri, qui garnissent la côte et

______

(1) *La Corografia brasilica* écrit *Jucurucù ;* les indigènes prononcent pourtant tous *Sucurucù.*

croissent à l'ombre de grands arbres qui ressemblent au laurier, sont fréquentés par une petite espèce de penelopé qui paraît avoir beaucoup d'affinité avec le parraqua (*penelopé parraqua*. Temminck); on nomme cet oiseau *aracuan* (1) sur la côte orientale, et on le recherche parce qu'il est très-bon à manger. Par la grosseur et le goût il ressemble assez au faisan. Mon chien courant, qui fouillait constamment les halliers, fit lever plusieurs de ces oiseaux qui s'envolaient toujours par couple et avec grand bruit ; du reste il n'était pas aisé de les tirer, les halliers étant trop remplis et embarrassés de plantes armées de piquans.

Vers midi nous sommes parvenus à une autre barra-velha, ancienne embouchure du Rio-do-Prado : nos mulets purent passer avec leur charge cette bouche du fleuve, parce que c'était le moment du reflux. On voit sur le côté opposé des bois de manglier dans le voisinage

---

(1) L'aracuan paraît au premier coup d'œil une nouvelle variété de parraqua, mais il en forme certainement une espèce particulière, car il est constamment plus petit, et en diffère aussi un peu dans la couleur de son plumage ; il me semble que c'est le *Phasianus garrulus* de M. de Humboldt.

du Rio-do-Prado ; et sur une haute plaine sablonneuse, à sa rive septentrionale, s'élève la Villa. Nous attendîmes long-temps étendus sur la plage ; enfin des habitans nous firent traverser le fleuve dans leur pirogue. On nous assigna notre logement dans la Casa da Camara.

Villa-do-Prado, d'abord habitée par des Indiens, est moins considérable qu'Alcobaça, car l'on n'y compte qu'une soixantaine de maisons et six cents habitans. Une partie des maisons est alignée; l'autre est éparse dans la plaine. La pervenche rose forme un tapis sur ce sol brûlant, où nos bêtes de somme ne trouvèrent qu'une nourriture mauvaise et peu abondante. Cette petite Villa est encore plus dépourvue qu'Alcobaça de beaucoup d'objets nécessaires. Quelques lanchas entretiennent un petit commerce de farinha ; elles en exportent à peu près 8000 alqueirès, avec un peu de sucre et d'autres productions des forêts et des plantations voisines. Le fleuve est assez considérable et poissonneux ; la barre de l'embouchure n'est pas incommode pour la navigation, puisque les sumacas chargés peuvent la passer.

Notre compatriote, M. Feldner, ingénieur major, avait fait par ordre du gouvernement

un intrade ou abattis dans la direction du nord-
ouest, pour ouvrir à travers les forêts un chemin jusqu'à Minas-Geraës. Il eut des contesta-
tions avec M. Marcellino-da-Cunha, l'ouvidor,
qui ne favorisa pas ce projet ; et comme il dé-
pendait entièrement des ordres de ce fonction-
naire, l'entreprise manqua. M. Feldner, obligé
de passer quelque temps sur une île, y fut très-
malade, et éprouva avec les gens de sa suite
une telle disette, qu'ils furent réduits à tuer un
chien pour apaiser leur faim. Un Boutocoudy
civilisé, nommé *Simam*, guérit M. Feldner
d'une fièvre violente, avec une écuelle de miel
qu'il alla lui chercher. M. Feldner, après l'avoir
prise, eut une sueur très-abondante et fut débarrassé de son mal.

Les chevaux des habitans de Villa-do-Prado
errent épars dans les forêts de Sucurucu. Ces
solitudes renferment aussi une grande quantité
de gibier, de beaux bois, et des fruits sauvages.
Le bois de Brésil y abonde. Les cordonniers
s'en servent pour teindre le cuir en noir, mais
si l'on ajoute de la cendre à cette couleur,
elle devient rouge (*rocho*). Parmi les oiseaux
qui animent les bocages des environs de Villa-
do-Prado, l'aracuan est très-commun. Les

habitáns tuent une grande quantité de toucans et de perroquets, et les mangent aux jours de fête comme des mets friands, car la farinha, les haricots noirs, la viande salée, et quelquefois un peu de poisson, forment la nourriture ordinaire des Brésiliens, et il faut que les voyageurs s'y accoutument. Parmi les désagrémens de cet endroit, il faut compter surtout la chique ou bicho do pè (*pulex penetrans*), qui est extrêmement multipliée dans le sable de la côte; ce petit insecte fourmille de même dans les maisons, ce qui oblige de visiter souvent ses pieds.

Un orage violent et la fuite d'un de nos mulets m'obligèrent de rester une couple de jours dans ce triste pays sablonneux; mais le dernier jour je fus amplement dédommagé de cette contrariété par l'arrivée d'une troupe de sauvages à la Villa. C'étaient des Patachos, que je n'avais pas encore vus, et que j'avais depuis long-temps vainement espéré de connaître. Ils n'étaient sortis de leurs forêts que peu de jours auparavant pour venir aux plantations. Ils étaient complétement nus; ils entrèrent ainsi dans la Villa, tenant leurs armes à la main; une foule considérable s'amassa aussitôt autour d'eux. Ils

apportaient à vendre de grosses boules de cire
noire ; ils échangèrent avec nous une quantité
d'arcs et de flèches contre des couteaux et de
gros mouchoirs. Ils n'avaient rien de remarquable, n'étaient ni peints ni défigurés d'aucune manière : les uns étaient petits, la plupart de taille
moyenne, assez élancés ; ils avaient la face
large et osseuse, et de gros traits. Bien peu s'é-
taient fait des ceintures avec de la toile qu'on
leur avait donnée. Leur chef, nommé capitam
par les Portugais, et qui n'avait rien de bien
distingué, portait un bonnet de laine rouge et
des culottes bleues dont on lui avait fait cadeau
quelque part.

La première chose dont ils s'occupèrent sé-
rieusement fut de manger. On leur donna de la
farinha et des cocos qu'ils ouvrirent très-adroitement avec une petite hache, et avec leurs
dents fortes et saines ils prirent l'amande. J'ad-
mirai leur bon appétit.

Quelques-uns montrèrent beaucoup d'habileté dans leur commerce d'échange ; ils recherchaient principalement les couteaux ou les
haches. L'un d'eux se laissa pourtant nouer un
mouchoir rouge autour du cou. On plaça un
coco au haut d'une perche à quarante pas de

distance, et on leur dit de tirer à ce but avec leurs flèches; ils ne le manquèrent pas. Personne ne sachant leur langue, ils ne firent pas un long séjour dans la Villa, et retournèrent chez eux.

Pour les mieux connaître, je m'embarquai le 30 juillet sur le Rio-do-Prado, que je remontai jusqu'à l'endroit où ces sauvages avaient dressé leurs cabanes; je ne les trouvai plus, ils s'étaient transportés plus loin. Les forêts des bords du Sucurucu sont habitées par des Patachos et des Machacaris; les derniers ont toujours été plus enclins que les premiers à vivre en paix avec les blancs; car ce n'est que depuis trois ans que l'on a pu établir la bonne intelligence avec les Patachos. Peu de temps avant cette époque, ils avaient attaqué dans les forêts des habitans de Villa-do-Prado; l'escrivam avait été blessé, plusieurs personnes avaient perdu la vie. On a ensuite employé les paisibles Machacaris pour conclure une convention avec les Patachos.

Les Patachos ressemblent beaucoup aux Pourys et aux Machacaris, néanmoins ils sont plus grands que les premiers; ils ne défigurent pas non plus leur visage, et portent de même leurs cheveux pendans naturellement autour de la tête ; ils les coupent seulement à la nuque et au-dessus des yeux ; quelques-uns pourtant se rasent toute la tête , laissant simplement une petite touffe devant et derrière. On en voit aussi qui se percent la lèvre inférieure et les oreilles, et mettent dans l'ouverture une baguette de roseau courte et mince. Les hommes , ainsi que ceux de toutes les peuplades de la côte orientale, suspendent leur couteau à un cordon passé autour de leur cou, et portent de la même manière les chapelets qu'on leur donne. Le corps de ces Patachos se montrait dans sa couleur naturelle, brun rougeâtre; il n'était nullement peint. Le plus singulier de leurs usages consiste à nouer avec une plante sarmenteuse la peau qui recouvre l'extrémité d'une certaine partie de leur corps, ce qui lui donne un aspect extrêmement bizarre.

Leurs armes sont généralement les mêmes que celles du reste des sauvages ; cependant leurs arcs sont plus grands que ceux des autres peuplades des Tapouyas : j'en mesurai un qui avait huit pieds neuf pouces et demi, mesure anglaise, de hauteur; ils sont de bois d'aïri ou de pao-d'arco (*bignonia*). Les flèches dont ils ont coutume de se servir à la chasse sont assez courtes ; mais celles dont ils font usage à la guerre sont vraisemblablement plus longues , et se rapprochent ainsi de celles des autres sauvages. La partie inférieure en est garnie de plumes d'arara , de mutum , ou bien d'oiseaux de proie ; la pointe en est armée de taquarassù ou d'uba ; je n'ai d'ailleurs vu chez aucune des tribus de Tapouyas la corde de l'arc faite de boyaux ou de nerfs d'animaux , comme le raconte faussement Lindley (1). Chaque homme porte une poche ou un sac attaché autour du cou , et fait d'écorce (*embira*) ou de cordons tressés; il y met diverses bagatelles. Les femmes ne se peignent pas non plus , et vont toutes nues. Les cabanes de ces sauvages diffèrent essentiellement de celles des Pourys que j'ai décrites plus haut. Des jeunes tiges ou des perches fichées en terre sont courbées par le haut, liées ensemble , et couvertes de feuilles de pattioba et de cocotier ; elles sont basses et aplaties. On voit auprès de chacune un banc, qui consiste en quatre pieux fourchus fichés en terre , et sur lesquels on pose quatre bâtons qui en

____

(1) *Narrative* , etc., p. 22.

soutiennent une rangée d'autres placés transver-
salement ; on y étend les animaux tués à la
chasse, pour les y faire rôtir ou griller. Les
Patachos ressemblent, à bien des égards, aux
Machacaris ou Machacalis; leurs langages présentent aussi une certaine affinité, quoiqu'ils
diffèrent beaucoup sous plusieurs rapports.

Ces deux peuplades sont, dit-on, liguées
contre les Boutocoudys; il paraît qu'elles rédui-
sent une partie de leurs prisonniers de guerre
en esclavage; car dernièrement elles vinrent à
Villa-do-Prado offrir de vendre un jeune Boutocoudy. L'on n'a jamais eu de motif fondé
pour supposer que les Patachos mangent de la
chair humaine. Le caractère moral de toutes ces
tribus se ressemble beaucoup par les traits gé-
néraux, mais celui de chacune offre des particularités bien marquées : les Patachos, par
exemple, sont les plus défians et les plus ré-
servés; ils ont toujours l'air froid et sombre; ils
donnent très-rarement leurs enfans aux blancs
pour qu'ils les élèvent, ce que les autres tribus
font assez volontiers. Ces sauvages vivent errans;
leurs troupes paraissent alternativement sur
l'Alcobaça, à Prado, à Comechatiba, à Trancozo, etc. Quand ils y viennent, on leur donne

quelque chose à manger, on échange avec eux diverses bagatelles contre de la cire ou d'autres productions des forêts, puis ils retournent dans leurs solitudes.

Très-satisfait d'avoir fait la connaissance de ces sauvages, je partis de Villa-do-Prado, en faisant diligence pour suivre mes gens et mes bêtes de somme qui m'avaient devancé. La côte, en se prolongeant au nord de Villa-do-Prado, prend une figure différente de celle qu'elle a eue auparavant. Le long de la mer s'élèvent de hautes parois d'argile rouge ou d'autre couleur, qui est entremêlée de couches de grès ferrugineuses et de couleurs variées; des forêts couvrent le sommet de cette côte : elle est coupée du côté de la mer par des vallées ombragées de forêts épaisses, demeures des Patachos; il sort de chacune un ruisseau dont l'embouchure dans la mer est souvent très-incommode pour les voyageurs. Les groupes de rochers qui du pied des falaises s'avancent en mer sont un autre désagrément; de mer basse on en fait le tour à pied sec, mais, quand elle est haute, on ne peut pas les doubler, parce que les vagues, qui viennent s'y briser en grondant et en lançant en l'air leur écume, inondent la plage. Si l'on se trouve entre deux de ces groupes de rochers au-dessous de la falaise, dans le temps où la mer monte, on est exposé à un grand danger, parce que l'on ne peut pas éviter la marche rapide de l'eau : c'est pourquoi il est nécessaire qu'un voyageur s'informe exactement des habitans du pays, de l'heure qu'il convient de choisir pour passer. Il faut quelquefois attendre pendant six heures le retour du reflux, quand on a laissé passer le moment opportun. Il n'y a d'ailleurs tout le long de cette côte d'autre chemin par terre que celui-là qui suit le rivage. Entre Prado et Comechatiba l'on rencontre en trois endroits différens de ces rochers saillans; il m'est arrivé d'avoir eu dans un de ces passages de l'eau jusqu'à la selle de mon cheval; dix minutes plus tard, j'aurais été obligé de retourner en arrière jusqu'à un endroit où la côte aurait offert un espace plus large, et d'y attendre pendant six heures que la mer se retirât. Déjà les vagues qui brisaient contre les rochers offraient un aspect menaçant : ne connaissant pas la route, nous n'osions pas pousser nos chevaux au milieu des flots écumans, lorsque deux nègres d'une fazenda voisine allèrent en avant à travers les vagues, et nous montrèrent le chemin. Après avoir passé sans accident, nous nous sommes dépêchés de sortir de cette plage étroite, peu sûre, où l'on est exposé à la fureur du plus redoutable des élémens, et nous avons couru au grand galop.

On trouve sur ces rochers, un peu plus avant en mer, plusieurs espèces de mollusques et deux espèces d'oursins; les pauvres en mangent une : elle est noire, hérissée de longs piquans; l'autre est blanchâtre, hérissée de piquans blancs; ces rochers sont aussi couverts de coquillages qui donnent une liqueur pourprée. Ils sont surtout communs dans le voisinage de Mucuri, Viçoza, Comechatiba, Rio-do-Frade, etc. M. Sellow eut l'occasion, dans un de ses voyages, de faire quelques observations sur cet objet; Mawe en parle aussi (1).

Quelques-unes des vallées latérales de cette côte escarpée renferment des plantations, entre autres celle du senhor Callisto, qui m'avait montré beaucoup d'obligeance à Villa-do-Prado. Suivi de deux de mes gens à cheval, j'arrivai à la pointe de terre de Comechatiba, que les indigènes nomment *Currubichatiba*. La lune

----

(1) Voyages, p. 54 (tom. I, p. 90).

dans son plein se reflétait sur la surface de la
mer, et éclairait les cabanes isolées de quelques
Indiens côtiers, réveillés par le passage de nos
mulets de bagage marchant en avant de nous.
A quelque distance de ces cabanes se trouve la
fazenda de Caledonia, établie il y a sept ans par
M. Charles Frazer, Écossais, qui a parcouru
une grande partie du globe. Il acheta trente nègres robustes pour cultiver sa fazenda. Les Indiens qui vivaient dans le voisinage travaillèrent
plusieurs années à son service, éclaircirent les
hauteurs qui s'étendent le long de la côte, y
abattirent les bois, et aidèrent à la culture. Il
fit planter une grande quantité de cocotiers le
long de la mer; sa maison fut bâtie en terre et
couverte en chaume. Sur la même ligne s'éle-
vèrent des cases pour ses nègres, une grande fabrique de farinha, et un magasin. Le premier
de ces bâtimens tombait en ruines. On y voyait
encore huit à dix grandes chaudières en terre
pour faire sécher la farinha, mais une partie
était brisée.

La situation de cette fazenda est superbe : des
collines verdoyantes et couvertes de bois s'élèvent du bord de la mer; le sol est excellent; on
avait déjà défriché une grande étendue de forêts :

mais il paraît que l'on n'entendait pas grand chose à la manière de tenir les nègres dans l'ordre : ils étaient dans un état de mutinerie ; ils employaient pour eux-mêmes les produits de la culture, refusaient souvent la tâche qu'on leur imposait, et allaient chasser dans les forêts voisines ou y prendre des animaux au piége. M. Frazer se trouvait en ce moment à Bahia ; il avait pendant son absence confié le soin de sa fazenda à un Portugais de Villa-do-Prado. Je fus reçu par ce feitor : les nègres, qui s'étaient rassemblés pour danser au son de leur tambour, arrivèrent aussitôt pour regarder l'étranger. La chambre fut bientôt remplie d'esclaves jeunes, bien faits, et la plupart grands et robustes. Le feitor n'avait pas assez d'autorité sur eux pour me débarrasser de cette compagnie fort à charge à un voyageur fatigué. Je passai quelques jours dans ce lieu, et j'eus occasion de visiter dans les forêts les cabanes des Patachos qu'ils avaient abandonnées peu de jours auparavant. Des Indiens de Comechatiba m'y conduisirent.

La mer forme en ce lieu un bon port, protégé contre la lame par un récif de rochers, qui pourtant ne le défendent pas bien du vent ; le mouillage y est bon, et son entrée offre l'avantage de pouvoir être reconnue des marins par une marque très-facile à distinguer. Les vagues jettent sur la côte une grande quantité d'espèces de goémons, de sertulaires et d'autres zoophytes, et seulement quelques coquillages. Le soir, pendant le crépuscule, on voyait des volées de guandiras ou grands vampires (*phylostomus spectrum*). On peut aisément, quand ils fendent l'air, les prendre pour de petites chouettes. Ces animaux blessèrent quelques-uns de nos mulets de bagage qui perdirent beaucoup de sang. Cette faculté des grandes chauves-souris de la zone torride, de sucer le sang des animaux (1), s'étend, dit-on, au Brésil, aux petites espèces de ce genre; mais je ne crois pas qu'elles nuisent de la même manière à l'homme, comme on le raconte, et je ne connais pas de fait qui le prouve.

Les Indiens qui demeurent en cet endroit vivent du produit de leurs plantations, de la chasse, et surtout de la pêche. Quand le temps est tranquille, on les voit fréquemment parcourir la surface de la mer dans leurs pirogues:

---

(1) *Ansichten der Natur*, p. 32.
Tableaux de la Nature, tom. I, p. 47.

ils rapportent une grande quantité de poisson ; tout autour de leurs cabanes sont épars des carapaces, des cranes et des os de la grande tortue ou tartaruga.

Au nord de Comechatiba la côte offre de nouveau des falaises et des rochers : ils s'avancent tellement en mer dans un endroit, que l'on est obligé de prendre un détour sur les hauteurs, où il y a une plaine nommée Imbassuaba. C'est un campo environné de forêts, et couvert de beau gazon ainsi que d'une quantité de plantes qui étaient nouvelles pour nous : aussi furent-elles les bien-venues dans nos herbiers. On voyait sur la terre, à l'ombre des arbres, le lichen des rennes (*lichen rangiferinus*, L.) : il y était très-abondant. Cette plante, qui dans le nord forme la principale nourriture des rennes, occupe une très-grande étendue sur la surface du globe. Revenus bientôt sur le bord de la mer, nous sommes arrivés, après avoir parcouru une legoa et demie depuis Comechatiba, sur les bords du Caby que l'on peut passer de mer basse. Nous étions arrivés trop tard ; heureusement les nègres et les Indiens de la fazenda, qui connaissaient parfaitement le chemin à travers le fleuve, le passèrent à gué, et portèrent notre bagage sur leur tête et sur leurs épaules ; il parvint de l'autre côté sans avoir été mouillé. Le Cahy qui, de même que tous les autres fleuves de cette côte, sort des forêts, est peu de chose de mer basse, mais pendant le flux il est rapide, impétueux et tumultueux.

A trois ou quatre legoas plus au nord, nous avons rencontré le Corumbao, autre fleuve plus considérable. Le flux nous incommoda un peu pendant cette partie de la route ; et une chaleur accablante rendit encore cet inconvé-nient plus désagréable. La côte était quelquefois haute et même escarpée, quelquefois basse et couverte d'arbres touffus analogues aux lauriers. Le palmier aricuri était commun sur le rivage ; nous y avons aperçu aussi beaucoup de belles espèces de graminées et de roseaux, nouvelles pour nous. Les petites vallées qui s'ouvrent du côté de la mer sont en partie remplies de la-gunes pittoresques; quand elles peuvent se frayer une issue dans la mer, elles y portent leurs eaux : elles sont ordinairement pleines de plantes analogues aux roseaux. La mer monta jusque vers midi ; et comme des arbres abattus nous barraient le chemin en plusieurs endroits, nous fûmes obligés de traverser des vagues assez

hautes ; cependant nous parvînmes heureusement à l'embouchure du Corumbao, située sous
les 17° de latitude méridionale. On dit que les
rives fertiles de ce petit fleuve sont couvertes
de très-beaux bois dont on ne tire aucune utilité. Plusieurs îles de sable forment à son embouchure une barre, sur laquelle le flux élevait
en ce moment des lames très-fortes. A droite et
à gauche le rivage sablonneux ou marécageux
est ombragé par des mangliers ; on n'y voit plus
que des hérons, des vanneaux et des mouettes
depuis que les irruptions et les cruautés des
Aymorés ou Boutocoudys en ont chassé les habitans. A peu de distance de la rive septentrionale demeure une famille de Villa-do-Prado,
que l'ouvidor avoit envoyée ici pour faire passer le fleuve aux voyageurs ; ces gens vivaient
de leur pêche ; mais comme dans ces solitudes
inhabitées il est impossible d'exercer une sur-
veillance constante, ils n'ont pas tardé par la
suite à abandonner ce canton. Je trouvai dans
leur cabane une quantité de poisson dont une
partie venait d'être pris , et nous en fîmes une
provision pour le soir : le tout fut payé très-
chèrement. L'on voulut tirer avantage de la faim
dévorante de voyageurs épuisés de chaleur,

leurs regards trahissaient leur besoin de manger, et on exigea trois fois plus que le poisson ne valait.

Depuis cet endroit le pays s'ouvre un peu ; on suit le rivage : les monticules de sable aride y sont couverts de cactus à cinq et à six angles, dont les piquans aigus menacent sans cesse les pieds des chevaux et des mulets. A une legoa et demie au nord du Corumbao, le Cramenoan se jette dans l'Océan. Avant d'arriver sur ses bords, on traverse une vaste plaine couverte de graminées analogues au roseau, dé palmiers aricuri et guriri nains et de jolis arbustes, parmi lesquels on distingue une clitoria frutescente à belle fleur violette, et dont la tige s'élève du milieu des endroits marécageux. A gauche, du côté de la terre, l'on jouit d'une belle vue qui s'étend jusqu'aux montagnes de Minas-Geraës; plus près on remarque le Morro de Pascoal, haute montagne dans le voisinage de la cataracte du Rio-Prado; elle sert de point de reconnaissance aux navigateurs, et fait partie de la Serra-dos-Ayamorès.

La plaine que nous parcourions offre aux botanistes une occupation agréable et une récolte abondante.

Le soir nous sommes arrivés à Cramenoan, petit village indien qui a été bâti par ordre de l'ouvidor sur une colline au bord du fleuve, pour servir comme poste militaire, sous le nom de Quartel da Cunha, à la sûreté de ce canton. Les Indiens ne furent pas peu surpris de voir arriver si tard une tropa dans ce coin solitaire où il n'en vient pas souvent; ils se pressèrent autour de nous pour faire la conversation, pendant que nos gens allumaient du feu dans une cabane abandonnée. Ces Indiens vivent de leurs plantations et de la pêche dans la rivière et dans la mer; ils font aussi de l'étoupe et des cordes d'écorce d'arbres, qu'ils vont vendre à Porto-Seguro. La poudre et le plomb à tirer étant extrêmement rares et chers dans cette partie de la côte, ils vont à la chasse avec des arcs et des flèches qu'ils achètent à leurs voisins les Patachos, et leur donnent en échange des couteaux. Ils ont été placés dans cet endroit par l'ouvidor pour faire passer le fleuve aux voyageurs, mais cet arrangement ne leur plaît pas, et ils demeurent la plupart sur leurs plantations qui sont dans le voisinage. Ce sont des hommes forts et robustes, mais si indolens que, quand il fait mauvais temps, ils aiment

mieux rester couchés dans leurs cabanes sans
manger que de travailler d'une manière incommode. Ils nous approvisionnèrent de poisson,
et nous donnèrent aussi de petits gâteaux de farinha qu'ils avaient en réserve. Ils ont conservé
les différens mets de farinha usités chez leurs
ancêtres les Toupinambas et les autres tribus de
la Lingoa-Géral. Les bords du Cramenoan, à son
embouchure, sont ombragés par des mangliers
(*rhizophora*, *conocarpus*), qui donnent asile
à des curicas ou perroquets amazones (*psitta-*
cus amazonicus, Latham, ou *ochrocepha-*
lus, Lin.). Cet oiseau niche volontiers dans ces
bois de mangliers , et à la fraîcheur du matin
ils retentissent de sa voix.

Quand toute notre tropa eut passé à la rive
septentrionale du Cramenoan, nous suivîmes
la plage couverte de buissons épais , bornée à
droite par la mer, et à gauche dans le lointain
par des hauteurs. Bientôt nous atteignîmes l'extrémité de ce terrain plat ; il fallut gravir les
falaises escarpées, parce que les lames qui viennent frapper leur pied empêchent de passer le
long du rivage. Les parois de ces falaises offrent,
comme celles que nous avions vues précédemment, de l'argile et du grès.

Arrivés par un sentier très-roide au sommet de ces falaises ou *barreïras*, nous avons trouvé une plaine aride, ou campo, appelé le *Jaüassema* ou *Juassema*, suivant la tradition des habitans. Il y a eu ici, dans les premiers temps de l'établissement des Portugais, une ville de même nom; elle s'appelait aussi *Insuacome*. Elle était grande et bien peuplée; mais, de même que San-Amaro, Porto-Seguro et d'autres villes, elle a été détruite par les Abaquiras ou Abatyràs, peuple guerrier, cruel et anthropophage. Cette tradition a sans doute pour fondement les dévastations commises par les Aymorès ou Boutocoudys, dans la capitainerie de Porto-Seguro, lorsqu'ils y firent une incursion en 1560 (1). Ils détruisirent aussi alors les établissemens du Rio dos Ilheos ou San-Jorge; enfin le gouverneur Mendo de Sa les repoussa. On dit que l'on trouve encore à Jaüassema des morceaux de briques, de métaux, et divers objets : ce sont les plus anciens monumens de l'histoire du Brésil, car on ne rencontre rien sur cette côte qui rappelle les temps antérieurs à l'établis-

----

(1) Southey, *History of Brazil*, et la *Corografia Brasilica* donnent les détails de cet événement.

sement des Européens dans ce pays. Ses habitans, grossiers et farouches, n'ont pas laissé,
comme les Toultèques et les Aztèques au Mexique et au Pérou, des monumens qui, après des
milliers d'années, occupent la postérité. Quand
le corps nu du sauvage tapouya a été enterré
par son frere, sa mémoire disparaît de dessus la
terre, et il est indifférent pour les races futures
qu'un Boutocoudy ou une bête aient vécu dans
le même désert.

Je trouvai à Jaüassema le piassaba, espèce
particulière de palmier, dont j'aurai souvent
occasion de parler par la suite ; il se distingue
par son feuillage, qui s'élève en l'air comme un
panache. Nous n'avions pas encore rencontré
cet arbre. Un petit nombre de plantes étaient en
fleur en ce moment. Mais ayant parcouru de
nouveau ce canton au mois de novembre, je vis
plusieurs belles plantes en fleur, entre autres
un magnifique épidendrum à spathes d'un
rouge éclatant : cette espèce croît sur toutes les
parties de la côte maritime.

Le coup d'œil dont on jouit en parcourant
cette plaine haute est majestueux et bien
propre à inspirer des réflexions sérieuses au
voyageur. La côte, découpée profondément,

s'aperçoit jusque dans le lointain azuré ; les falaises rouges et escarpées sont entrecoupées de vallées sombres, couvertes, de même que les hauteurs, de forêts d'un vert foncé ; l'Océan roule avec un bruit sourd ses flots qui viennent en rejaillissant couvrir d'écume les rochers des récifs ; le fracas continuel et monotone des lames qui battent sans cesse le rivage retentit au loin dans cette contrée déserte, où il n'est jamais interrompu par la voix d'un être vivant. Elle est grande et profonde l'impression que produit cette scène sublime, quand on réfléchit à sa durée uniforme à travers toutes les vicissitudes des siècles.

Nous sommes revenus sur le bord de la mer, et, vers midi, nous avons atteint un endroit où les lames, élevées par la mer haute, frappaient contre les rochers et fermaient complétement le passage. Il était absolument impossible de gravir les hauteurs avec des mulets chargés ; il fallut donc se résigner à la patience. On ôta la charge des mulets, et on alluma du feu près d'un petit corrego d'eau fraîche. Des couvertures et des peaux de bœufs nous défendaient un peu de la fraîcheur du vent, qui était perçante. On mit au feu la marmite qui renfermait notre dîner frugal. Des forêts sombres entouraient de tous côtés la petite prairie où nos mulets paissaient. Le guit-guit sucrier (*nectarinia flaveola; certhia flaveola*, L.) et la fauvette trichas (*sylvia trichas*) voltigeaient dans les buissons en gazouillant. Le caracara (*falco crotophagus*) arriva bientôt, et se percha sur le dos des mulets pour les débarrasser des insectes qui les tourmentaient; ces quadrupèdes semblent prendre plaisir à la visite de ce singulier oiseau de proie, ils se tiennent tranquilles quand il paraît et vole autour d'eux. Azara en parle, sous le nom de chimachima, dans son *Histoire naturelle des oiseaux du Paraguay.*

Nous avons quitté ce lieu solitaire et romantique lorsque la pleine lune s'est montrée; alors les rochers ont été assez libres pour pouvoir les passer. Il n'y a pas long-temps que cette côte, depuis le Rio-do-Prado jusqu'au Rio-do-Frade, était regardée comme très-dangereuse, à cause des sauvages; personne n'osait y voyager seul. Lindley le dit aussi (1); mais actuellement, que les Portugais vivent en bonne intelligence avec les Patachos, l'on n'a plus de craintes;

____

(1) Page 228.

cependant, comme il ne faut pas trop se fier à eux , il est bon de ne voyager qu'en troupes assez nombreuses. Ayant fait la même route au mois de novembre de cette année, je trouvai, de mer basse , de grands bancs de rochers de grès et calcaires qui s'étendent au loin en mer, et qui ont dû être en grande partie l'ouvrage des animalcules du corail. Leur surface est partagée en lignes régulières parallèles. Les trous que l'eau remplit sont habités par des crabes et d'autres animaux marins ; une masse verte, analogue au byssus , tapisse en partie la superficie de ces bancs.

La mer continuant à descendre , nous avons passé près de plusieurs promontoires rocailleux, dont nous n'aurions pas pu approcher dans le temps du flux. La vaste surface de l'Océan réfléchissait en brillant la lumière de la lune.

Au milieu de la nuit nous nous sommes trouvés sur les bords du Rio-do-Frade, petit fleuve qui a reçu son nom de ce qu'un missionnaire franciscain s'est noyé dans ses eaux. Son embouchure est navigable pour de grandes pirogues; on peut le remonter à deux journées de route ; ses rives sont fertiles. Le mont Pascoal se montre à douze lieues de distance dans l'ouest.

De l'autre côté du fleuve habitent, par ordre de l'ouvidor, quelques familles chargées de passer les voyageurs. On a donné à ce poste le nom de *Quartel de Linharès*, quoiqu'il ne s'y trouve pas de soldats. Les plantations des gardes sont éparses dans les bois voisins; ils y ont aussi leurs demeures, afin d'être un peu abrités du vent de mer; mais en ce moment ils logent dans une cabane qui est située sur la plage sablonneuse, et qui par conséquent est mal défendue du vent et du mauvais temps.

Accoutumé à marcher toujours en avant de notre troupe, je descendis à terre près du fleuve, qui est trop profond pour pouvoir être traversé à cheval, et je laissai ma monture, qui paraissait être rendue de fatigue. Mais cet animal, impatient d'arriver aux maisons situées de l'autre côté du fleuve, m'échappa, se mit à la nage et fut suivi par la plupart des bêtes de somme.

Les Indiens nous firent bon accueil dans leurs cabanes, mais elles étaient si misérables, qu'après notre voyage de nuit nous ne trouvâmes pas à nous y reposer commodément. Nous étendîmes tout autour de nous nos vêtemens mouillés, pour les faire sécher au vent de mer qui soufflait de toutes parts dans la cabane mal fer-

mée , puis nous nous couchâmes sur nos couvertures étalées sur le sable. Le froid nous in-
commodait beaucoup. Les habitans de la maison
étaient à demi nus dans leurs hamacs, où le feu
qui brûlait constamment ne pouvait cependant
pas les échauffer. Le soin de tenir le feu allumé
appartenait aux femmes. Le fils de la maison,
déjà adulte, criait de temps en temps à sa mère
de ne pas négliger sa besogne.

Dès le point du jour nous avons empaqueté
nos vêtemens mouillés, et nous nous sommes
mis en route pour Trancozo. La mer en se re-
tirant avait laissé à découvert une vaste étendue
de bancs de rochers plats. Des Indiens qui habitent le long de cette côte, dans des cabanes
éparses au milieu des bois, cherchaient sur ces
bancs des mollusques pour les manger. Ils se
nourrissent de plusieurs espèces de ces animaux,
et surtout de l'oursin noir.

Au bout de trois legoas, nous sommes arrivés
à un endroit où un petit ruisseau se jette dans
la mer ; on l'appelle ordinairement Rio-de-Tran-
cozo, mais son nom dans l'ancienne langue des
indigènes est Itapitanga (fils de la pierre), vraisemblablement parce qu'il sort de montagnes
pierreuses. Il coule dans une vallée assez pro-

fonde, entourée de hauteurs avec de grandes plaines. Sur la rive méridionale on aperçoit déjà, du fond de la côte maritime, les cimes des cocotiers, ainsi que le toit et la croix du couvent des jésuites de Trancozo. Des hommes dépêchés en avant nous firent gravir un chemin très-roide pour arriver à la villa, où nous prîmes notre gîte pour cette nuit dans la Casa da Camara.

Trancozo est une villa d'Indiens, bâtie en carré long. Au centre s'élève la Casa da Camara, et à l'extrémité voisine de la mer, l'église, qui était autrefois un couvent de jésuites. Depuis l'expulsion de cet ordre, le couvent a été démoli et la bibliothèque dispersée. En 1815, Trancozo renfermait cinquante maisons et cinq cents habitans presque tous indiens; leur teint est d'un brun foncé; on n'y voit qu'un petit nombre de familles portugaises, auxquelles appartiennent le curé, l'escrivam et un marchand en détail. La plupart des maisons étaient vides, parce que les habitans demeurent sur leurs plantations; ils ne viennent à la villa que pour faire leurs dévotions à l'église. Trancozo exporte environ mille alquères de farinha, du coton, des planches, des gamelles, des pirogues, un peu d'embira et d'estoppa. La valeur de ces différens objets fut, en 1813, de 539,520 reis (3,372 fr.)

Les plantations des Indiens sont assez bien tenues; ils cultivent principalement des racines comestibles, telles que les patates, le mangaranito (*arum esculentum*), le cara, l'aypi ou manioc doux, etc., et vendent ces végétaux. La pêche est de même une de leurs occupations; quand le temps est beau, ils vont assez loin en mer avec leurs pirogues; on fait aussi le long de la côte maritime des corales ou camboas dont il a été question plus haut. Sur les plaines élevées des environs de Trancozo on élève un peu de bétail : l'escrivam surtout possède un troupeau considérable; mais cette branche d'économie rurale est soumise dans ce canton à de grands inconvéniens. Le campo offre un pâturage sec très-substantiel; le bétail y engraisse en très-peu de temps, mais si on ne le mène pas tout de suite après dans des prairies fraîches et humides, il dépérit tout d'un coup. Pour éviter ce désagrément, on envoie de temps en temps les troupeaux au Rio-do-Frade. Ce changement de pâturages doit se répéter plusieurs fois dans l'année, et il est sans doute cause de la petite quantité de lait que donnent les vaches.

Quand je revis ce canton au mois de novembre suivant, un jaguar monstrueux y avait établi sa demeure, et volait chaque jour aux habitans de la ville quelque pièce de bétail. On dressa des piéges; on eut le bonheur de tuer les petits de la bête féroce, mais elle courait encore le pays, et, pendant toute la nuit, remplissait l'air de ses cris plaintifs. Enfin des Indiens eurent l'idée de placer dans un sentier fréquenté par le jaguar, des fusils avec des appareils pour les faire partir; cet expédient eut un plein succés. Le jaguar resta sur le coup : j'achetai sa peau à Trancozo, et je reconnus qu'il appartenait à la variété nommée cangussu dans le sertam de la capitainerie de Bahia; elle se distingue par le nombre plus considérable de petites taches.

La situation de Trancozo est très-agréable. A l'extrémité de la hauteur escarpée, près de l'église, nous jouissions d'une vue magnifique; l'œil se promenait sur la surface tranquille de la mer qui au large était d'un bleu foncé : la jonction de ses eaux, d'une couleur verte le long de la côte, avec celles du fleuve qui étaient d'un noir foncé, donnait un charme particulier à la perspective; les cimes élégantes des cocos flottaient majestueusement au-dessus des humbles cabanes des Indiens ; tout autour de nous s'étendait la surface verdoyante du campo. Toutes ces plaines hautes sont coupées par de profondes vallées en partie assez larges ; vu de son centre, le plateau semble continu ; ce n'est que sur les bords que l'on distingue les coupures. Au fond des vallées coulent des ruisseaux qui vont joindre l'Itapitanga. La vallée au pied du coteau de Trancozo offre une belle prairie entremêlée de bocages dans lesquels le pucaca ou cacaroba, beau pigeon du pays, est commun (*columba rufina*). Des bois et de hautes herbes analogues au roseau garnissent les bords du petit ruisseau, sur lesquels on construisait un lancha. Les forêts qui s'élèvent au loin dans le fond du paysage sont habitées par les Patachos. Le padre Ignacio, curé du lieu, vieillard respectable, me raconta que ces sauvages viennent souvent à la villa ; ils sont complétement nus ; quand il nouait un morceau de toile autour de la ceinture des femmes, elles ne tardaient pas à l'arracher.

La route de Trancozo à Porto-Seguro offre peu de variété. De hautes falaises, formées d'une substance blanche bleuâtre, rouge ou violette (1), et qui ressemble à l'argile , bordent la mer ; la plaine haute offre des fazendas ombragées par des cocotiers dont la cime est agitée par le vent. On passe le Rio-da-Barra sur un pont de bois qui mérite d'être cité comme une curiosité. Il faut souvent gravir le long des falaises, et puis en descendre quand la route au milieu des rochers du rivage devient impraticable. Une de ces montées était si roide que nous fûmes obligés de décharger nos mulets , et de faire glisser l'un après l'autre nos coffres jusqu'en bas.

Nous avons trouvé sur le sable au bord de la mer une quantité de beaux goemons et quelques coquillages. On ramassait en ce moment des oursins sur les bancs de rochers laissés à découvert par le reflux.

Après avoir parcouru trois legoas , nous nous sommes trouvés, au sortir d'un petit bois, sur les bords du Rio-do-Porto-Seguro ; la partie basse de la ville de même nom se montre à la rive septentrionale , avec ses toits de tuiles rouges, ombragés par des cocotiers. La partie

____

(1) J'ai parlé plus haut de cette substance minérale en décrivant la côte située entre l'Itabapuana et l'Itapèmirim.

haute est un peu plus loin sur une hauteur, et l'on n'y remarque que le faîte du couvent des jésuites. Je passai aussitôt le fleuve, et je pris mon gîte dans la Casa da Camara de la ville haute.

Porto-Seguro, la première villa du Comarca de même nom, par le rang, mais moins considérable que Caravellas, est une petite ville de quatre cent vingt maisons, bâtie en plusieurs parties un peu séparées les unes des autres. La principale n'est pas grande ; elle est composée d'un petit nombre de rues où l'herbe croît, et bordées de maisons basses, la plupart n'ayant qu'un rez-de-chaussée ; il y en a bien peu à un étage. C'est là que se trouvent l'église, l'ancien couvent des jésuites, aujourd'hui habité par le professeur de langue latine ; la Casa da Camara et la prison. La plus grande partie des habitans a quitté la hauteur pour descendre à une autre partie de la ville plus près du fleuve, parce qu'elle est mieux située pour le commerce ; on la nomme *Os Marcos* ; elle est la plus considérable ; les maisons en sont éparses, sans régularité, généralement basses, entourées de bosquets d'orangers et de bananiers. C'est là que demeurent les habitans les plus riches, les propriétaires de navires, qui font le commerce de

Porto-Seguro. La troisième partie de la ville est située plus bas, à l'embouchure du fleuve : on la nomme *Pontinha* ou *Ponta-d'Aréa*. Indépendamment de quelques vendas, on y trouve de petites maisons éparses au milieu des cocotiers, et habitées par des pêcheurs ou des matelots. La ville haute est ordinairement déserte et morte : plusieurs maisons sont fermées et tombent en ruines ; car elle n'est fréquentée que les dimanches et les jours de fête ; alors elle est animée par la réunion d'hommes en habits de parure. Les Portugais ne manquent pas volontiers la messe ; et chacun y paraît avec ses plus beaux habits. Tel qui dans la semaine couvre à peine sa nudité, se montre le dimanche vêtu très-proprement. J'ai déjà fait observer que les Brésiliens de toutes les classes sont très-propres et très-soignés dans leur mise ; c'est une justice qu'il faut leur rendre.

Immédiatement au-dessus de la montée, qui est assez roide, s'élève le couvent des jésuites, grand bâtiment massif. M. Antonio Joachim Morreira de Pinha, professeur de langue latine, me reçut de la manière la plus amicale. Nous jouîmes, de ses fenêtres, de la vue de la mer, alors parfaitement tranquille : nos regards suivaient au loin jusqu'aux bornes de l'horizon les vaisseaux à la voile, et nos pensées les accompagnaient jusque dans notre patrie ; des deux côtés s'étendait la côte, contre laquelle l'Océan roule continuellement ses vagues avec un fracas sourd et constamment uniforme.

Dans les vastes salles de cet ancien bâtiment, où les jésuites exerçaient autrefois leur autorité, et où aujourd'hui l'on n'entend d'autre bruit que le sifflement des vents, combien l'on sent vivement les vicissitudes des siècles. Les cellules, animées autrefois par des hommes actifs et occupés, sont aujourd'hui désertes, et les chauve-souris habitent dans leur enceinte. Ce couvent avait une bibliothèque nombreuse ; on n'en aperçoit plus le moindre vestige.

Le Rio do Porto-Seguro, nommé *Buranhem* (*Bouranhiem*) dans l'ancien langage des Indiens, a une excellente barra ou embouchure, abritée par un récif qui s'avance en mer ; le fond est pierreux : elle forme ainsi un port très-sûr et très-favorable au commerce de cette ville, qui en a tiré son nom. Il s'y trouvait en ce moment une quarantaine de lanchas, petits navires à deux mâts ; ils vont à la pêche du garupa et du mero, deux bonnes espèces de poissons, et restent souvent quatre à six semaines en mer. Ils reviennent alors chargés chacun de quinze cents à deux mille poissons salés. La villa en exporte annuellement quatre-vingt-dix mille à cent mille, qui sont expédiés à Bahia et à d'autres endroits. Le reste se consomme dans la ville et aux environs. Le prix moyen de chaque poisson étant de 160 à 200 reis (1 fr. à 1 fr. 25 cent.), il en résulte un bénéfice considérable pour la villa. Cependant, parmi les deux mille six cents habitans qu'elle renferme, il en est peu de riches, parce que la plupart manquent de l'activité et de l'intelligence nécessaires pour accroître leur bien-être. Ils échangent ordinairement leurs poissons à Bahia et ailleurs contre d'autres marchandises. Comme c'est aussi le fond de leur nourriture, on trouve dans cette villa beaucoup de gens attaqués du scorbut, et le voyageur, quand il y arrive, est assailli d'une foule de malades pauvres. Peu d'habitans ont des plantations, et s'occupent d'agriculture. La plus grande partie de la farinha dont on a besoin se tire de Santa-Cruz. Le couvent de San-Bento de Rio-de-Janeïro possède dans le voisinage une grosse fazenda dirigée par un ecclésiastique.

Les habitans de Porto-Seguro ont la réputation

d'être d'excellens marins. Les relations avec Bahia sont très-actives ; aucun autre port de la côte n'offre des occasions aussi fréquentes d'aller dans cette ville. Les navires employés à cette navigation sont de petites lanchas garupeiras très-bonnes voilières, et qui surtout marchent très-bien de vent contraire. Le mât de l'arrière est le plus court ; le grand mât a une grande voile carrée, le mât d'arrière une petite voile triangulaire : on peut les orienter de telle manière que le bâtiment marche par le vent le plus contraire qui empêche les autres navires de naviguer.

Les premiers temps de l'histoire de Porto-Seguro offrent plusieurs événemens remarquables. Durant la guerre des Hollandais au Brésil ce lieu n'avait pas plus de cinquante habitans. Trois villages indiens étaient situés dans les environs. A cette même époque Caravellas ne comptait que quarante Portugais. Dans la dernière moitié du XVIIe siècle quelques restes des Toupinambas et des Tamoyos se réunirent à leurs ennemis les Aymorès ou Botocoudys, contre les Portugais. Les Toupiniquins étaient alliés de ceux-ci ; mais leurs ennemis communs, étant bien supérieurs en nombre, détruisirent

Porto-Seguro, San-Amaro et Santa-Cruz. Dans le premier de ces endroits ils surprirent les habitans à la messe, ainsi que le raconte Southey (1). On dit qu'alors Porto-Seguro était plus considérable qu'aujourd'hui : on dit qu'un chef des Tapouyas du Rio San-Antonio, nommé Tateno, défendit la villa contre ses compatriotes, et la sauva de sa ruine totale (2). Il n'existe de tous les villages indiens de ce canton, dont il a été fait mention, que celui de Villa-Verde, situé à une petite journée de route en remontant le fleuve. Il n'est peuplé que d'Indiens. Le vicaire et l'escrivam seuls sont Portugais. La plupart des Indiens demeurent de côté et d'autre dans leurs plantations, et ne viennent à la villa que les dimanches et les jours de fêtes. On trouve en ce lieu les ruines d'un couvent de jésuites. On se sert encore de leur église. La villa renferme une cinquantaine de maisons et cinq cents habitans ; elle exporte mille alquères de farinha et quelques planches. L'ouvidor a établi un peu plus haut le destacament de Aguiar, où vivent six

---

(1) *History of Brazil*, tom. II, p. 665.

(2) *Corografia Brasilica*, tom. II, p. 81.

Indiens qui, dit-on, exportent déjà cinq cents alquères de farinha.

Plusieurs petites rivières, entre autres le Patatiba, se joignent au Rio do Porto-Seguro, ou Buranhem, que l'on appelle aussi Rio da Caxoeïra. Depuis cette jonction jusqu'à la Barra, qui en est éloignée de trois legoas, on le nomme *Ambas as agoas*.

Nous avons passé quelque temps à Porto-Seguro pour connaître ce lieu et ses environs, puis nous avons continué notre voyage au nord le long de la côte ; car aucune route ne passe par l'intérieur du pays. Notre tropa traversa à gué plusieurs petits fleuves qui sont insignifians quand la mer est basse, mais que l'on ne peut franchir de la même manière dans le temps du flux. Ils sont connus sous les noms de *Rio das mangues* (fleuve des mangliers) et de Barra de Mutari. Du côté de terre l'horizon est borné par des collines couvertes de forêts sombres du milieu desquelles s'élancent des bosquets de cocotiers qui indiquent les habitations placées sous leur ombrage.

Les habitans de ce canton parlent encore de l'attaque tentée il y a vingt-deux ans par deux frégates françaises. Les équipages descendirent

à terre pour piller : un détachement, le drapeau
en tête, marcha sur Santa-Cruz ; mais les habitans, s'étant armés à la hâte, se jetèrent derrière les buissons le long de la côte ; leur feu
bien dirigé tua plusieurs ennemis, d'autres furent blessés : alors la troupe se rembarqua à la
hâte, après avoir mis à mort par vengeance un
voyageur isolé qui marchait sans se défier de
rien.

Les bancs de sable de l'embouchure du Mutari étaient couverts de canards à face blanche
(*anas viduata*), bel oiseau que nous avions
souvent tiré plus au sud, mais que nous n'a-
percevions plus depuis un certain temps. Nos
chasseurs eurent beau user de précaution pour
s'approcher tout doucement, ils n'en purent
faire tomber un seul. Lorsque je visitai de nouveau ce canton quelques mois plus tard je
trouvai sur cette côte beaucoup de restes de
baleines, ce qui me donna lieu de supposer que
l'on y faisait une pêche abondante de ces cé-
tacés. De nombreuses volées d'urubus ou vau-
tours noirs dévoraient ces débris, qui empestaient
la côte à une distance considérable.

Le Rio da Santa-Crux se jette dans la mer à
cinq legoas du Rio do Porto-Seguro ; il est plus

étroit ; sa barra est également sûre et défendue par un récif de rochers contre l'impétuosité de la lame. Santa-Cruz est le plus ancien établissement des Portugais au Brésil. C'est là que Pedro Alvarez Cabral débarqua le 3 mai 1500, et fut reçu amicalement par les indigènes. On planta une croix, on célébra la première messe et on donna au canton le nom qu'il porte encore aujourd'hui ; le fleuve le plus voisin au sud fut nommé Porto-Seguro à cause de la sûreté de l'entrée : on a plus tard placé la paroisse à Santa-Cruz, qui porte encore aujourd'hui le nom de *Freguesia de Nossa Senhora da Bella-Cruz*.

Villa da Santa-Cruz est située à la rive méridionale de l'embouchure du fleuve. L'église et une partie de la villa sont sur une hauteur ; deux cocotiers en rendent la position très-reconnaissable ; le reste est au pied de l'éminence : ce sont des maisons basses, éparses au milieu de bosquets d'orangers et de cocotiers. L'agriculture est plus florissante à Santa-Cruz qu'à Porto-Seguro ; cette ville approvisionne de farinha ce port et d'autres endroits de la côte orientale : les habitans ont d'ailleurs la réputation d'être très-paresseux, et ne travaillent pas beaucoup. La pêche du garupa occupe quelques navires; dans ce moment l'on ne compte que quatre lanchas qui s'y livrent. Santa-Cruz est beaucoup moins important que Porto-Seguro. On dit qu'autrefois ce lieu était plus florissant; mais les plus riches habitans sont morts.

Le Rio da Santa-Cruz prend sa source à un petit nombre de journées de route de la villa; il sort de deux sources principales qui se réunissent, puis coulent vers la mer. Elles sont si proches du Rio-Grande de Belmonte, que si l'on tire un coup de fusil dans leur voisinage, il est entendu des bords de ce fleuve, un peu au-dessus d'Ilha-Grande, dont je parlerai plus tard. Un peu plus bas le Rio-Grande de Belmonte prend une direction plus méridionale.

La partie supérieure du Rio da Santa-Cruz est visitée par les Botocoudys. En se rapprochant de la côte, ce fleuve forme la limite entre le territoire de ces sauvages et celui des Patachos et des Machacalis, qui errent sur sa rive méridionale. Les plantations situées le long du fleuve en remontant ont été détruites depuis peu de temps par les Botocoudys, de même que la villa fut ravagée autrefois par les Abatyras et les Aymorès ou Botocoudys; il y a environ deux ans que l'ouvidor fut obligé de fonder le destacament de Aveiros, où se sont déjà formées quelques plantations. Le territoire de Santa-Cruz est très-propre à la culture de plusieurs plantes utiles ; cependant le pao brasil y est moins commun qu'autour de Porto-Seguro.

Je fis promptement passer le Rio da Santa-Cruz à ma tropa, et j'allai faire halte au povoaçao de San-André, situé à peu de distance de la rive septentrionale du fleuve. On nous y accueillit très-amicalement : plusieurs malades arrivèrent aussitôt ; car dans ce pays l'on prend tous les voyageurs étrangers pour des médecins. La plupart étaient attaqués de la fièvre, maladie assez commune dans ces cantons ; par bonheur j'avais du vrai quinquina que je pus leur donner. Notre logement était dans une position extrêmement agréable ; le petit nombre de maisons qui composent le povoaçao de San-André est dispersé au milieu de bocages pittoresques de cocotiers qui s'élancent au-dessus du sol tapissé d'une pelouse verdoyante : ce séjour fut salutaire à nos animaux, qui purent s'y reposer et s'y délasser à la fraîcheur du soir, après une marche pénible dans les sables brûlans le long de la côte. Parmi les arbres qui entouraient les plantations, se distinguait un gameleira colossal, espèce de figuier qui étendait horizontalement au loin ses branches gigantesques : son tronc peu élevé, mais extrêmement gros, était couronné d'une cime majestueuse ; ses feuilles ovoïdes et roides sont larges et d'un vert foncé ; les rameaux sont laiteux. Le tronc et les branches de cet arbre offraient une riche collection de plantes; on y voyait réunies plusieurs espèces de bromelia, un beau cactus, des plantes grimpantes, des mousses, des lichens, indépendamment d'une quantité d'autres végétaux de diverses sortes qui croissaient en compagnie sous l'ombre épaisse de ce figuier.

Plus au sud, le long de cette côte, on donne le nom de gameleira à un arbre absolument différent; mais les gameleiras prèta et branca cités par Koster (1) semblent appartenir à celui dont je parle. Les sauvages se servent quelquefois du bois de gameleira pour allumer le feu, en le faisant tourner avec vitesse dans un morceau d'un autre bois. L'acajou à pomme (*anacardium occidentale*, L.) était extrêmement

----

(1) Pag. 3o3, tom. II, p. 163.

commun dans ces environs ; on mange générale-
lement son fruit, que j'ai déjà décrit : en ce
moment il était en fleur.

On fabriquait à San-André des cordes minces,
et quand elles étaient finies on les frottait avec
l'écorce fraîche de l'arueïra (*schinus molle*),
dont le suc résineux les revêt d'un vernis d'un
brun noir brillant, et, en les pénétrant, empêche l'eau de les gâter. On n'emploie au reste
ce procédé que pour les cordes de tucum, qui,
enduites de cette manière, se vendent bien à
Bahia. Les cordes de gravata (*bromelia*) ou de
coton se frottent avec les feuilles de manglier
(*rhizophora*). Les Indiens emploient aussi le
suc d'àrueira dans les maladies des yeux ; mais
ils n'emploient alors que le suc verdâtre des
jeunes branches.

Le temps venteux et désagréable s'étant un
peu adouci, je pris congé de mon hôte de San-
André, afin d'arriver le même jour au Rio Mogiquiçaba, appelé Misquiçaba par les habitans
du voisinage. La côte jusque là est de mer basse
fort belle, et unie comme l'aire d'une grange ;
des goémons et des coquillages sont épars sur le
sable : j'y trouvai aussi un petrel bleu étendu
mort ; il était encore en bon état, et avait pro-

bablement été victime de la dernière tempête. Le crabe, nommé ciri par les Portugais, est très-commun sur cette côte unie et sablonneuse; ce singulier crustacé a le corps gris bleuâtre, les pattes et le dessous du corps d'un blanc jaunâtre pâle. Il se creuse des trous dans le sable amolli et humecté par les vagues, et s'y cache pour échapper aux dangers qui le menacent. Si l'on s'en approche, il se met en posture, ouvre ses serres déployées, et court de côté vers la mer avec la vitesse d'un trait. Grillé au feu ou cuit à l'eau, ce crabe est de très-bon goût; il a aussi de l'utilité en médecine, car lorsqu'on l'écrase son suc est employé comme un remède efficace contre les hémorroïdes.

Le Rio San-Antonio est un petit fleuve qui, de mer basse, est peu profond à son embouchure, mais au temps du flux on ne peut pas le passer, car il se rend à la mer par plusieurs branches, et forme des lames très-grosses. Les Botocoudys ont récemment encore commis des hostilités un peu au-dessus de ce lieu, et égorgé tous les habitans d'une maison. Un jeune Botocoudy que l'on élevait dans cette famille l'avertit de l'approche de ses compatriotes, mais on ne fit aucun cas de ses avis.

Je trouvai sur le sable, de l'autre côté du Rio San-Antonio, une grande quantité de squelettes d'une espèce d'oursin (*echinus pentaporus*), à cinq ouvertures elliptiques (1). Ils sont extrêmement friables, et généralement mêlés à des coquilles communes. Les bois le long de cette partie de la côte sont entourés de larges haies d'uba, espèce de roseau qui forme un bel éventail, au-dessus duquel s'élève la longue hampe qui porte les fleurs. Des chevaux et des bœufs paissaient çà et là. Quelques familles se sont établies sur le bord de la Barra de Guya, petit ruisseau qui porte ses eaux à la mer, et y ont formé un petit povoaçao.

Je ne tardai pas à arriver aux bords du Mogiquiçaba, fleuve moins considérable que le Rio da Santa–Cruz. Sur la rive méridionale, près de son embouchure, se trouve une fazenda qui appartient à l'ouvidor de ce comarca ; elle ne renferme qu'un petit nombre de méchantes cabanes, et n'est destinée qu'à élever du bétail. Une des occupations des dix-huit nègres qui

---

(1) C'est probablement l'espèce représentée par Bruguières, fig. 3, pl. 149, et par Bosc, *Histoire naturelle des vers*, tom. II, fig. 5, pl. 14.

l'habitent est de fabriquer des cordages pour les navires avec les fibres du coco de Piassaba, cocotier qui croît dans ce canton, et devient commun en allant plus au nord. Ces fibres sont tirées des spathes des feuilles, qui ont quatre à cinq pieds de long, sont sèches et fortes, et tombent d'elles-mêmes; alors on les recueille soigneusement, et, par une préparation particulière, on en fabrique des cordes qui sont très-durables, et se conservent bien dans l'eau, mais sont un peu rudes et désagréables à manier. On en expédie beaucoup à Bahia, où on les emploie pour les navires. Le fruit de cet arbre est une noix oblongue, terminée en pointe, d'un brun noir et très-dure, longue de trois à quatre pouces. Je crois l'avoir vue dans les cabinets d'histoire naturelle, où elle est désignée sous le nom de *coco lapidea*. Cet arbre ne croît pas au sud de Santa-Cruz.

Au reste, le pays autour de Mogiquiçaba n'offre pas beaucoup de choses remarquables: il est presque entièrement couvert de forêts; un petit nombre d'hommes seulement s'est établi un peu au-dessus de la fazenda de l'ouvidor. La rivière est poissonneuse, et fournit aux colons une partie considérable de leur subsistance. Les

forêts qui couvrent les bords du fleuve en remontant sont peuplées par des Tapouyas; mais
ces sauvages ne se montrent pas à son embouchure; on dit que ce sont tous des Botocoudys.
C'est en ce lieu que commence la route ouverte
le long du Belmonte pour aller jusqu'à Minas :
mais elle est encore très-imparfaite, et en partie
impraticable.

Nous avons trouvé à Mogiquiçaba un mets de
notre pays, mets bien agréable et dont nous
étions privés depuis bien long-temps, du lait.
Les vaches que l'on élève en ce lieu sont belles
et grasses ; cependant elles ne donnent pas tant
de lait que celles d'Europe, et il n'est pas si bon,
ce qui vient peut-être de l'aridité du sol. Tous
les soirs on fait entrer le troupeau dans un coral ou parc carré, et aussitôt l'on sépare le veau
de sa mère quand on veut la traire le lendemain.

Il y avait dans la cabane où nous avons passé
la nuit une vieille négresse esclave appartenante
à l'ouvidor. Le peuple du Brésil regarde généralement ces vieilles négresses comme des sor-
cières ou *feiticeiras*. Elle avait fermé soigneusement sa chambre, et eut l'air de très-mauvaise
humeur de ce que l'on cherchait à ouvrir son
sanctuaire pour avoir un peu de feu. Mais

comme le vent froid et pénétrant de la mer ne nous permettait pas de passer la nuit sans feu, il fallut ouvrir par force la porte de la vieille sibylle.

Mogiquiçaba est séparé du Rio-Grande de Belmonte par une plaine de cinq legoas d'étendue. A peu près à moitié chemin l'on arrive à un endroit où un bras du fleuve avait son embouchure dans la mer. Maintenant elle est ensablée. Ce lieu porte encore le nom de *Barra velha*, ou la vieille embouchure. La route le long de la côte passe sur une plage sablonneuse, unie et ferme, mais un sentier plus court conduit à travers une prairie couverte d'une herbe courte, et parsemée çà et là de groupes d'aricaris et de guriris. Ma tropa s'y égara; nous nous embarrassâmes au milieu d'une quantité de fossés marécageux, de mares et de bourbiers; notre bagage faillit à s'y enfoncer. Cependant nous en sortîmes plus heureusement que nous n'avions osé l'espérer, et nous revînmes le long de la côte, où la mer brisait avec une violence extraordinaire; elle y avait jeté dans la matinée et brisé une lancha sortie de Belmonte; l'équipage avait été sauvé. Enfin, après une marche très-fatigante et très-pénible, par l'excès de

II. 7

la chaleur, sur des sables arides et brûlans, nous avons aperçu, le soir, à notre grande joie, les cimes ondoyantes des bocages de palmiers, sous lesquels est bâtie Villa de Bel-monte.

C'est une petite ville chétive et en partie rui-née; elle fut fondée il y a une soixantaine d'an-nées par les Indiens, dont il n'y reste aujour-d'hui qu'un petit nombre. La casa da camara, construite en terre et en bois, était prête à s'écrouler entièrement : il y manquait déjà un mur tout entier, de sorte que l'intérieur était complètement exposé aux regards. Cette villa forme un carré composé d'une soixantaine de maisons, et renferme environ six cents habitans. L'église est située à l'extrémité. Les maisons sont des cabanes en terre, fort basses. Celle du capitam mor est un peu plus considérable ; quant à celle de l'ouvidor, où l'on m'assigna mon logement, elle ne valait guère mieux que les autres. L'aspect de toutes ces huttes, géné-ralement couvertes en chaume, et celui des rues irrégulières et couvertes d'herbe font res-sembler la villa à un de nos plus méchans vil-lages. Son seul ornement consiste dans la quantité de cocotiers qui, sur cette plaine sablonneuse, entourent de toutes parts les habitations, et par la réunion de leurs cimes ondoyantes forment une espèce de forêt. Ces arbres sont ici très-féconds ; on croit contribuer à les rendre tels en perçant un trou dans leur tronc, un peu au-dessus de terre.

Tout près de la villa, le Rio-Grande de Belmonte, fleuve considérable, a son embouchure dans la mer, sous les 15° 40′ de latitude australe ; il a sa source dans les hautes montagnes de Minas-Geraës, et ne prend le nom de Rio-Grande de Belmonte que dans Minas-Novas, au point où l'Araçuahy et le Jiquitinhonha joignent leurs eaux. C'est cette dernière rivière qui traverse le district de l'or et des diamans : M. Mawe, dans la relation de son voyage que j'ai déjà citée plusieurs fois, a décrit les exploitations qui ont lieu sur ses bords.

Dans les temps des hautes eaux, le Rio-Grande de Belmonte est impétueux ; son embouchure est toujours mauvaise et périlleuse par les nombreux bancs de sable qui s'y trouvent. En ce moment où la mer était basse, on les voyait distinctement ; ils sont dangereux même de mer haute, et ont causé la perte de plusieurs lanchas. Belmonte possède à peu près quatre de ces bâtimens qui entretiennent un mince commerce de farinha, de coton, de riz et de bois avec Bahia. L'exportation annuelle consiste en mille alquères de farinha, autant de riz, deux mille alquères de maïs et un peu d'eau-de-vie : il n'y a que deux moulins à sucre dans les environs. Un Écossais qui habitait cette ville faisait un commerce de coton assez considérable ; mais l'infidélité d'un capitaine de navire lui avait fait perdre à peu près la totalité d'une cargaison.

Cette pauvre villa vient d'obtenir quelques avantages par la route de communication que l'on a ouverte le long du fleuve avec Minas-Novas, dans la capitainerie de Minas-Geraës ; cependant les provisions y sont encore très-rares. Nous n'aurions pu rien trouver à manger pour notre argent si quelques habitans de notre connaissance ne nous avaient procuré les choses dont nous avions besoin. Les Mineiros apportent néanmoins de temps en temps dans leurs canots du maïs, du lard, de la viande salée, de la poudre à tirer, du coton et d'autres objets, et approvisionnent ainsi cette côte misérable : une partie se consomme sur les lieux, l'autre s'expédie à Porto-Seguro et à Bahia.

Les forêts traversées par le Rio-Grande de

Belmonte sont la demeure principale des Botocoudys ; aussi ne pouvait-on précédemment naviguer sur ce fleuve sans danger. Des aventuriers hardis se sont, il est vrai, hasardés jadis à le remonter en pirogues de bois de barrigoudo ; mais le capitam mor Joào da Sylva-Santos a été le premier qui, en 1804, ait osé aller par eau jusqu'à Villa do Fanado dans Minas-Novas. Il a écrit une relation de ce voyage. Le capitam Simplicio José da Sylveyra, escrivam de Belmonte, l'accompagnait dans cette course. Il y a trois ans l'ouvidor Marcelino da Cunha reçut de M. le comte dos Arcos, gouverneur de la capitainerie de Bahia, l'ordre de conclure un traité avec les Botocoudys. Les voies avaient été préparées par la conduite sage et pacifique que l'on avait tenue envers ces sauvages ; il fut aisé d'en venir à un arrangement : depuis cette époque les hostilités ont cessé des deux côtés. Un seul chef, nommé Jonué, et que ses compatriotes, à cause de son esprit turbulent, ont surnommé Jonué Iacuam (*Jonué le belliqueux*), ne s'est pas encore conformé à cette invitation ; il rôde avec son monde sur le haut Belmonte, dans le voisinage de la chute ou Caxoeïra do Inferno, et tire sur les pirogues qui passent ; il est même en guerre contre ses compatriotes qui ont fait la paix avec les Portugais. Pour gagner les Botocoudys on leur avait apporté des couteaux, des haches et d'autres instrumens de fer, ainsi que des toiles, des bonnets, des mouchoirs, etc., mesure qui avait parfaitement produit l'effet que l'on s'en promettait. Le capitam Simplicio a surtout montré une grande activité dans cette affaire. Une preuve de l'harmonie qui règne maintenant, c'est que plusieurs Portugais comprennent déjà un peu la langue des sauvages.

L'obstacle que l'on redoutait de la part des Botocoudys, écarté de cette manière, on a commencé à percer le long de la rive méridionale du fleuve une route à travers les forêts jusqu'à Minas-Novas ; elle est entièrement terminée, et serait praticable si tout ce que l'on en a dit était exact. Mais l'on n'a pas construit de ponts sur les ravines profondes où coulent des torrens ou corregos, et qui coupent la route en plusieurs endroits, par conséquent les mulets chargés ne peuvent pas franchir ces endroits : on dit aussi que, dans quelques parties de la forêt continue que l'on est obligé de traverser, il croît des herbes nuisibles qui font mourir les animaux. Plein de confiance dans ce que l'on racontait du bon état de cette route, un Mineiro essaya de la suivre avec une tropa considérable chargée de coton; il y perdit la plupart de ses mulets. On prétend que par imprudence il s'est en grande partie attiré son triste accident; mais cette tentative malheureuse en a effrayé d'autres, de sorte que personne ne fréquente plus la partie inférieure de cette route. Au reste, j'ai eu l'occasion de me convaincre qu'elle mérite peu tous les éloges que j'en ai entendu faire. On a commencé depuis à l'améliorer, et l'on a pris un très-bon parti, car lorsqu'elle sera en bon état elle procurera de grands avantages à ce pays.

En attendant, les communications ont lieu bien plus facilement par les pirogues qui montent et descendent le fleuve. Tous les ans il en arrive plusieurs chargées de productions de Minas : elles s'en retournent ordinairement avec du sel et d'autres objets, et mettent vingt jours pour arriver jusqu'au premier endroit habité de Minas; voyage pénible, et sur lequel M. Mawe s'est exprimé un peu trop légèrement (1). Pour

____

(1) Pag. 260, tom. II, p. 107.

protéger cette communication contre les sauvages qui n'ont pas encore montré des dispositions pacifiques, on a établi six postes militaires jusqu'à Minas, qui sont les quartels dos Arcos, do Salto, do Estreito, da Vigia, de San-Miguel et de Tucaïhos de Lorena. Le premier porte ordinairement le nom de Caxoëïrinha ; il le tire de petites cascades formées dans les environs par des rochers qui traversent le lit du fleuve. Cette navigation procure quelques moyens d'existence à Villa de Belmonte : ses habitans, qui sont tous pêcheurs, de même que la plupart des campagnards de ce royaume, sont très-habiles à conduire une pirogue.

On voit encore à Belmonte une race particulière d'Indiens chrétiens et civilisés, que l'on nomme *Meniens*, et qui se donnent à eux-mêmes le nom de *Camacan*. Les restes de leur langage, quoique extrêmement corrompu, annoncent leur véritable origine, qu'ils connaissent bien. Jadis ils habitaient plus haut le long du Rio de Belmonte ; les Paulistes les en chassèrent, et en massacrèrent un grand nombre. Ceux qui échappèrent se réfugièrent vers le bas du fleuve, et se fixèrent à l'endroit où est aujourd'hui la villa. Ils ont graduellement abandonné leur ancienne manière de vivre, et n'ont rien conservé des mœurs des sauvages ; les uns sont mêlés aux nègres, et servent comme soldats, ou bien sont pêcheurs et travaillent à la terre. Il n'y a plus que quelques vieillards qui comprennent encore un petit nombre de mots de leur ancienne langue. Ils sont très-adroits à tous les travaux manuels ; ils fabriquent des nattes de roseaux (esteiros) si bien faites, qu'à l'extérieur on ne distingue pas les brins entrelacés, des chapeaux de paille, des corbeilles, des filets à pêcher et d'autres plus petits pour prendre des écrevisses (1) : ils sont d'ailleurs bons chasseurs comme tous les Indiens ; mais ils ont depuis long-temps échangé l'arc et les flèches contre le fusil.

Je séjournai quelque temps à Belmonte pour faire reposer mes gens ainsi que mes chevaux et mes mulets. Cependant le climat n'est pas très-sain ; il y règne souvent des fièvres et des ca-tarrhes : l'on se plaignait que cette année (1816) l'épidémie avait été extraordinairement forte. Une des grandes incommodités de ce pays est

---

(1) Ce filet, nommé *puça*, est un sac tressé et très-fort que deux hommes promènent sur le fond de l'eau.

l'énorme quantité de moustiques, notamment de l'espèce que l'on nomme *vincudo*. On dit que dans les grandes chaleurs ils deviennent si insupportables dans l'intérieur des maisons, que les habitans se réfugient avec leurs hamacs sur le bord de la mer pour trouver dans l'air frais de la mer un peu de relâche contre les attaques de cet insecte.

CHAPITRE XI.

SÉJOUR SUR LE RIO-GRANDE DE BELMONTE ET CHEZ LES BOTOCOUDYS.

—Le quartel dos Arcos. — Les Botocoudys. —Voyage au quartel do Salto. — Retour au quartel dos Arcos. —Dispute et combat des Botocoudys. — Voyage à Caravellas. —Les Machacalis du Rio do Prado. —Retour à Belmonte.

Afin de connaître les belles et intéressantes solitudes arrosées par le Rio-Belmonte, je résolus de passer quelques mois dans les Sertoes, et même s'il était possible de remonter le fleuve jusqu'à Minas. Je pris donc à la villa deux pirogues; je les fis monter par cinq hommes, et j'y chargeai mes gens et mon bagage. Le 17 août je m'embarquai à Belmonte avec la marée montante, et traversant un petit canal latéral, j'entrai dans le fleuve qui en cet endroit est trèslarge, et rempli en partie de bancs de sable (*corroas*).

Il ressemble beaucoup au Rio-Doce, mais il

n'est pas à beaucoup près si considérable; sa largeur peut être de cinq à six cents pas. Des forêts et des buissons, de grands roseaux de l'espèce nommée *uba* ou *canna brava*, couvrent ses bords, et sont interrompus de temps en temps par des fazendas et par des plantations. Nous vîmes sur le bord des bancs de sable le bec-en-ciseaux (*rynchops nigra*, L.), qui se tenait immobile, et le grand carao (*numenius carauna*, Latham.), qui se promenait en regardant d'un air craintif autour de lui. Cependant avec un peu de peine nous réussîmes à tuer un de ces oiseaux circonspects.

Je m'arrêtai quelque temps à la fazenda d'Ipibura, qui appartient aux héritiers du feu capitam mor de Belmonte : je voulais y prendre quelques provisions dont j'avais besoin, et surtout m'y pourvoir d'eau-de-vie, si nécessaire contre la fièvre. Cette fazenda possède le seul moulin à sucre qui se trouve le long du Rio-Belmonte ; il n'a pas travaillé depuis quelque temps, mais il paraît, comme on me l'a dit, qu'il va être remis en activité. L'on y fabriquait aussi du tafia ou eau-de-vie commune de sucre (*agoa ardente de canna*).

Les deux rives du fleuve offrent un très-beau

coup d'œil. Le grand roseau uba déploie dans les endroits fermés ses fleurs en panicule, et ses feuilles disposées en éventail ; au-dessus s'élève, comme en second degré, une rangée de coulequins (*cecropia*) à tiges argentées et cannelées ; le fond est formé de la manière la plus pittoresque, par la forêt sombre et touffue, dont le feuillage d'un vert foncé et de teintes diverses s'élance au-dessus des arbres moins grands qui l'entourent. Le rivage même offre des touffes épaisses de toutes sortes de plantes entrelacées de liserons à fleurs d'un bleu blanchâtre ou d'un violet clair, de belles graminées, et surtout des souchets remplissent le reste de l'espace.

Vers le coucher du soleil nous avons débarqué sur un corroa dans le voisinage d'Ipibura, où quelques maisons éparses sont habitées surtout par des Indiens Meniens. J'y achetai la peau d'un jaguar tué depuis peu, et j'aurais volontiers fait l'acquisition du squelette de cet animal, ou du moins joui de sa vue ; mais l'homme qui l'avait tué à la chasse me dit qu'il l'avait laissé très-avant dans la forêt ; cependant il m'assura que j'en trouverais le crâne sur le corroa de Timicui, situé un peu plus haut, et où l'on a aussi l'habitude de s'arrêter. Des pêcheurs qui avaient

dressé leurs cabanes à Ipibura nous donnèrent des œufs de tortue fluviatile , qui sont entièrement sphériques, de la dimension d'une
grosse cerise , et revêtus d'une écale dure d'un
blanc luisant. Ils n'ont pas le goût désagréable
de poisson que l'on trouve aux œufs des tortues
de mer , et sont un mets très-savoureux. Nous
étions au commencement de la saison où les
tortues les pondent. On en rencontre des quantités enfoncées dans les bancs de sable ; les pêcheurs les recherchent avec soin (1).

La nuit nous amena une pluie abondante qui
nous força de nous réfugier dans de vieilles cabanes de pêcheurs, construites en feuilles de
palmier, et qui étaient abandonnées. Les puces
et les chiques dont elles étoient remplies trou-
blèrent notre sommeil. Les moustiques vinrent
aussi nous y tourmenter ; la fumée de notre feu
put seule nous délivrer en partie de leurs attaques. Ces insectes étaient surtout insuppor-

---

(1) Ces œufs sont de la même tortue que nous avions
pêchée à la ligne dans le Mucuri. Il paraît qu'elle est d'une
espèce encore inconnue qui se distingue par deux appendices
barbus et courts sous la mâchoire, ainsi que par un carapace
extrêmement aplati.

tables sur le bord de la forêt, où nous vîmes aussi voltiger le vampire (*phyllostomus spectrum*). Pendant toute la nuit nous eûmes l'œil sur nos pirogues ; aussi fûmes-nous tous bien mouillés, et obligés de rester tout le temps avec nos habits trempés par la pluie.

Le lendemain matin notre grande pirogue était à moitié remplie d'eau, et notre bagage tout mouillé : nous avions eu bien de la peine à tenir sèches dans les huttes nos armes et notre poudre. On se dépêcha de vider la pirogue, et, à notre grande joie, le soleil, perçant l'épaisseur des nuages, eut bientôt réchauffé et séché nos membres engourdis; alors nous poursuivîmes gaîment notre voyage.

De même que sur les bords du Rio - Doce l'on entendait le cri des singes, notamment des guaribas et des sauassus; de même ici les forêts retentissaient de la voix perçante des araras, des amacans (*psittacus severus*, L.) et de plusieurs autres perroquets. La surface des bancs de sable, laissée en ce moment à sec par le fleuve dont les eaux étaient basses, était couverte d'hirondelles de mer à bec jaune (*sterna flavirostris*) qui s'y promenaient deux à deux ; cet oiseau plane en l'air, puis fond perpendiculairement sur les poissons qu'il aperçoit dans l'eau : si l'on s'approche du lieu où il se tient, il fond de la même manière sur les hommes, comme s'il voulait leur percer le crâne ; les Brésiliens lui en supposent l'intention.

Vers midi nous sommes arrivés à l'embouchure de l'Oba, petite rivière qui apporte le tribut de ses eaux au Belmonte : à peu de distance dans l'intérieur on trouve un povoaçao de même nom, qui renferme un peu plus d'une douzaine de maisons. On y cultive beaucoup de manioc, de riz, de maïs, et quelques cannes à sucre ; ces denrées se transportent à la villa. Il n'y a pas de moulin à sucre à Oba. On exprime les cannes entre deux rouleaux minces, et l'on obtient ainsi le sirop dont on a besoin pour la consommation. L'embouchure de la petite rivière se nomme *Bocca d'Obu* ; vis-à-vis est située une île nommée en conséquence *Ilha da Bocca d'Obu*. Je fis arrêter mes canots à l'embouchure de la rivière, afin de procurer à mes gens la farinha dont ils avaient besoin pour la continuation du voyage, et je profitai de l'occasion pour parcourir la forêt voisine. Une pirogue qui arrivait en ce moment d'Obu chargée de cette denrée nous mit en état de terminer de suite notre affaire, et nous nous éloignâmes de terre.

Dans un endroit où le fleuve était très-large nous aperçûmes dans le coin d'un corroa une troupe de canards dont nous ne connaissions pas encore l'espèce, et qui se distinguaient par leur plumage jaune-brunâtre (1). Ils s'envolèrent à notre approche, décrivirent un cercle très-étendu, puis retombèrent dans l'eau. Nous tournoyâmes long-temps avec eux; enfin ils se réfugièrent derrière une élévation du rivage. Alors nous fîmes descendre à terre un chasseur qui se glissa tout doucement près de ces oiseaux, et en tua deux d'un coup, ce qui nous procura un bon souper.

Nous avons passé la soirée sur le corroa de Piranga, et nous y avons retiré du sable des œufs de tortue. Les traces des tapirs et des jaguars se croisent dans toutes les directions sur ce sable profond, où ces animaux viennent rôder

---

(1) *Anas Virgata*, espèce nouvelle, plumage jaune de rouille; l'intérieur des ailes noir, premières plumes rectrices à tuyau blanc; pas de plastron; plumes du côté du corps marquées d'une tache blanc-jaunâtre allongée; longueur du mâle, dix-sept pouces neuf lignes.

II.　　　　　　　　　　8

pendant la nuit. Nous n'y avons trouvé d'ailleurs d'autres créatures vivantes que des hirondelles de mer , qui, dans leur inquiétude pour
leur progéniture , fondaient en criant sur les
étrangers qui s'en approchaient. Nous nous
sommes bâti en ce lieu de petites huttes de
feuilles de cocotier, et nous y avons passé la
nuit. Le lendemain nous avons continué notre
route par un très-beau temps. Nous n'avions pas
encore vu le rivage couvert d'une si grande
quantité de belles plantes; on y distinguait entre
autres un magnifique arbuste très-voisin des bignonias , et qui, orné de grandes fleurs d'un
rouge ardent, brillait à l'ombre des arbres.
Partout les plantes et les arbrisseaux grimpans
s'entrelaçaient autour des arbres les plus hauts,
et formaient un tissu impénétrable ; le feuillage
tendre et rosé du quatélé ornait la partie la plus
avancée de la rive, où les troncs de coulequin
étendaient au loin, comme des girandoles, leurs
branches à feuilles palmées, et où les hautes
touffes de l'uba se balançaient en sortant du sable.

Près d'une plantation abandonnée , nous
sommes arrivés à l'embouchure du Rio da Salza
ou Peruaçu, petite rivière qui unit le Rio-
Grande au Rio-Prado. La barra du Rio-Bel-

monte n'étant pas très-favorable à la navigation, on a formé le plan de rendre ce canal de communication navigable pour les pirogues en le débarrassant des obstacles qui s'y trouvent, et notamment des troncs d'arbres qui l'encombrent. On dit que dans la saison sèche ce canal est très-bas, et qu'au contraire dans la saison des pluies il est très-profond.

Les cris des araras, que nous entendions sortir des forêts voisines, nous inspirèrent naturellement le désir d'aller à la chasse de ces oiseaux; nous mîmes donc quelques chasseurs à terre, et cette fois nous eûmes à nous féliciter de notre tentative. Un chasseur se glissa près de ces beaux perroquets, et d'un coup qui retentit au loin en abattit deux. Nous fûmes surpris en ce lieu par une troupe de petits sahuis (*jacchus penicillatus*, Geoffroy), mais aussi agiles que les écureuils; ils grimpèrent aux cimes des arbres, et s'enfuirent trop vite pour qu'on pût les viser. Cette petite espèce de singe est très-commune dans les forêts du Brésil: une autre, beaucoup plus connue, est le *simia jacchus* de Linné, que l'on trouve un peu plus au nord, dans le voisinage de Bahia.

Les magnifiques araras et les autres beaux

perroquets qui s'en approchent font l'ornement de ces forêts sombres, dont les arbres sont si variés. Une volée d'une vingtaine, comme nous en avons aperçu dans cet endroit, perchée sur un arbre d'un vert brillant, et éclairée par un rayon du soleil, offre un superbe coup d'œil ; il faut l'avoir vu pour s'en faire une juste idée. Ils grimpent très-adroitement le long des cipos, et tournent fièrement de tous les côtés leur corps avec sa longue queue vers les rayons du soleil. Actuellement ils se tenaient en grand nombre dans la partie moyenne et inférieure d'un arbuste rampant et épineux que l'on nomme ici *spinha*, et qui est peut-être un smilax ; ils en aiment beaucoup le fruit, qui mûrissait en ce moment ; en effet nous en trouvions toujours les graines blanches dans le jabot des araras que nous venions de tuer. Cette saison est par conséquent celle où l'on peut les abattre le plus aisément, parce que dans les autres temps ils ne cherchent leur nourriture que sur la cime des arbres les plus hauts.

Très-satisfaits du succès de la première tentative d'une chasse aux araras, nous avons poursuivi notre navigation, et passé le corroa da Palha, où le riacho da Palha, petit ruisseau, se jette dans le Rio-Belmonte, et le soir nous sommes arrivés au corroa de Timicui où des cabanes de pêcheurs abondonnées nous ont servi de gîte pour la nuit. C'était là que je devais trouver le crâne du grand et beau jaguar dont j'avais acheté la peau à Ipibura, et qui avait été tué une huitaine de jours auparavant. Dans la forêt, assez près de l'endroit où nous étions, deux chasseurs qui la parcouraient avec quelques chiens, pour chasser les cerfs et d'autres animaux, avaient rencontré par hasard le jaguar à peu de distance du fleuve et près d'un petit riacho ; les chiens se mirent à le poursuivre, et le forcèrent, comme cela arrive ordinairement, de grimper sur un arbre dont le tronc s'élevait obliquement, et où il reçut un coup mortel : il venait cependant de saisir un chien avec une de ses griffes, quand un second coup à la nuque l'étendit mort. Je trouvai effectivement le crâne sur le banc de sable près de notre cabane ; mais malheureusement il était déjà cassé et endommagé. Les dents molaires, que la superstition de ce pays regarde comme un remède efficace contre plusieurs maladies, avaient été emportées pour en faire des amulettes. La peau de ce jaguar était extrêmement belle ; elle avait cinq

pieds de long jusqu'à la naissance de la queue,
et cependant n'était pas celle d'un des grands
individus de cette espèce. Le jaguar, le tigre
noir et le çuçuaranna ou cougouar (*felis con-
color*, L.) sont très-communs dans les forêts
baignées par le Rio-Belmonte; mais on ne les
inquiète guère, parce que l'on n'a pas dans ces
cantons de chiens propres à cette chasse. Sur
tous les bords du fleuve on trouve des traces
nombreuses de ces animaux, et dans le silence
de la nuit on entend fréquemment leurs hurlemens.

Les nombreux vestiges d'animaux que j'a-
percevais me décidèrent à passer le lendemain
à Timicui, afin de faire fouiller dans toutes les
directions les forêts voisines. Le temps nous
était extrêmement favorable : cependant nous ne
pûmes tuer aucun quadrupède bon à manger ;
en revanche, nous fûmes plus heureux pour les
oiseaux ; l'on m'apporta entre autres un canard
musqué, un jacupemba (*penelope marail*, L.),
un arara et cinq capueiras (*perdix güianensis*,
Latham ; ou *perdix dentata*, Temminck), qui
nous firent un bon souper. Il ne me restait de
mes chiens couchans qu'une femelle qui fut très-
utile pour la chasse des capueiras ou perdrix des

forêts; elle trouva promptement la compagnie, qui à l'instant se dispersa de tous les côtés, et les perdrix se perchèrent sur les arbres : un chasseur qui a le regard un peu exercé les y découvre aisément, et les tire comme nos gelinottes. Ma chienne arracha de dessus un tronc d'arbre un gamba (sarigue) qui pour l'éviter y grimpait, mais elle ne le prit qu'avec le bout de ses dents à cause de la mauvaise odeur de cet animal, et le secoua jusqu'à ce qu'il fût mort. Les araras, de même que les autres perroquets, nous firent une bonne soupe; la chair des premiers est assez grossière, mais nourrissante et assez semblable à la chair de bœuf.

En revenant de la chasse, à la brune, nous vîmes une quantité de grosses chauve-souris qui voltigeaient tout près de la surface de l'eau. On chargea les armes avec de la cendrée pour les oiseaux, et l'on en fit tomber quelques-unes. En les examinant avec attention on reconnut qu'elles appartenaient au genre des noctilions : leur pelage était d'un roux uniforme; d'autres au contraire avaient une ligne jaunâtre blanche tout le long du dos. Je n'ai vu nulle part cette belle chauve-souris aussi commune que dans ce canton.

Les deux hommes que nous avions laissés sur le corroa pour faire la cuisine furent très-contens lorsqu'ils virent notre chasse : de leur côté ils avaient trouvé plusieurs choses intéressantes dans leur voisinage. Réunis autour du feu, nous nous racontâmes mutuellement les aventures de la journée, tandis que la solitude autour de nous retentissait du cri perçant du capueira, du choralua et du bacarau (*capri-mulgus*).

Le 21 nous avons quitté Timicui de bonne heure, en côtoyant une longue île nommée *Ilha-Grande;* elle est couverte de grands arbres et inhabitée: autrefois il s'y trouvait une plantation que les habitans de Belmonte avaient établie. Nous étions encore avec notre pirogue vis-à-vis de la rive septentrionale de cette île quand nous fûmes surpris par un violent grain de pluie qui obscurcit tellement tout le voisinage, que nous pouvions à peine reconnaître la forêt voisine. Nous étant arrêtés pour laisser passer l'orage, nous entendîmes tout à coup tout près de nous les cris d'une troupe de pecaris qui nous avaient vus et s'enfuyaient. Aussitôt quelques-uns de nos marins sautèrent à terre avec leurs armes malgré la pluie, poursuivirent la bande, et au bout d'une demi-heure revinrent avec un pecari qu'ils avaient tué. A l'instant où ils rentraient dans la pirogue avec leur chasse un gros jacaracca se montra dans les herbes hautes du rivage ; il fut de même tué et apporté à bord. Mes chasseurs échappèrent réellement à un grand danger ; car ce ne fut que par un hasard heureux qu'il ne marchèrent pas sur le serpent couché dans l'herbe : certainement s'il eût été touché, il aurait mordu les pieds nus de nos nègres.

L'orage passé, nous nous sommes remis en route. Le fleuve est en cet endroit large et fort beau : on rencontre de temps en temps le long de la rive des bancs de sable sur lesquels s'élèvent des huttes éparses de feuilles de cocotier; elles servent d'asile aux habitans de Belmonte lorsqu'ils remontent le fleuve pour chasser ou pour pêcher. Nous avons fréquemment vu dans ce canton l'anhinga (*plotus*) et le canard musqué ; quelquefois nous apercevions le matin des volées entières de ce dernier. Le soir nous avons débarqué sur un corroa du voisinage, nommé *as barreiras* qui est un lieu excellent pour la chasse, et presque l'unique sur le Belmonte inférieur , où l'on rencontre le grand singe gris-jaunâtre-pâle, à qui l'on donne ici le nom de miriki (*ateles*).

Le 22 nous avons quitté le corroa avant le jour, et nous avions déjà parcouru une certaine distance, lorsque le soleil se leva dans tout son éclat. Les coups d'avirons et les cris de nos conducteurs de pirogues, qui s'efforçaient à l'envi de gagner le prix que j'avais promis aux plus expéditifs, mirent tous les environs en rumeur. Dans leur frayeur, des troupes de canards musqués s'envolèrent.

Dès la veille nous avions aperçu devant nous des montagnes dans le lointain; elles furent plus visibles aujourd'hui : elles portent le nom de *Serra das Guaribas*. Cette chaîne traverse les forêts dans la direction du sud au nord : elle ne me parut pas très haute, quoique nous n'en fussions pas très-éloignés. A l'endroit où nous étions les rives du fleuve commencèrent à s'élever insensiblement. Plus loin paraissent des montagnes couvertes de forêts sombres : des pierres et des débris de rochers annoncent le voisinage de montagnes primitives, et les corroas ou bancs de sable deviennent plus rares à mesure que le lit du fleuve se rétrécit et devient plus profond. Souvent sa surface sombre, mais brillante, est resserrée entre des montagnes escarpées; cependant il conserve toujours une largeur considérable.

Nous avons vu et entendu les araras près du rivage. Pour la première fois un autre oiseau remarquable s'est offert à nos regards; c'était l'anhima ou kamichi (*palamedea cornuta*), qui est rare à cette distance de l'embouchure du fleuve. Ce bel oiseau, de la force d'une grosse oie, est plus haut sur jambes, et a le cou long; sur son front s'élève une corne pointue longue de quatre à cinq pouces, et chaque aileron est armé de deux forts aiguillons triangulaires. Cet oiseau est timide, mais il se trahit bientôt par sa voix éclatante, dont les modulations ressemblent assez à celles du pigeon ramier, quoique plus fortes et plus sonores, et accompagnées de singuliers coups de gosier : cette voix haute retentit au loin dans la solitude; elle nous promit une nouvelle occupation. Plusieurs de ces oiseaux, effrayés par le bruit de nos avirons, s'enfuirent dans la forêt; ils ressemblaient dans leur vol à l'urubu (*vultur aura*, L.).

L'après-midi nous venions d'arriver à un coude du fleuve, quand nous fûmes assaillis par un orage affreux, accompagné de pluie; il agita

violemment notre grande pirogue couverte;
mais il eut bientôt passé, et lorsque l'horizon se
fut de nouveau éclairci nous aperçûmes à peu
de distance devant nous l'île de Cachoeirinha,
sur laquelle on a bâti le quartel dos Arcos. Ce
poste militaire fut fondé il y a deux ans d'après
les ordres du comte d'Arcos par M. Marcelino
da Cunha, ouvidor du Comarca. On avait d'a-
bord établi un destacamento d'une soixantaine
de soldats à trois jours de route plus haut, dans
un endroit nommé le Salto : mais les soldats
indiens qui le formaient marquaient un grand
mécontentement : on les fit replier sur l'île Cachoeirinha, et le capitaine Julião Frz Leao,
commandant le quartel de Minas-Novas, les
remplaça par une douzaine d'hommes qui forment encore le quartel do Salto. Quelques cabanes en terre et couvertes de chaume ont été
élevées sur la partie antérieure de l'île qui est à
moitié débarrassée de forêts, et convertie en
plantations. La partie inférieure est encore
couverte de bois. On voit dans l'autre des plantations de manioc, et l'on a entouré les bâtimens de papayers et de bananiers, dont les
fruits servent fréquemment de nourriture aux
Botocoudys, à qui on les donne volontiers pour

ne pas troubler la bonne intelligence. Entre l'île et la rive septentrionale le fleuve a peu de largeur ; il n'avait pas en ce moment assez de profondeur pour qu'on ne pût pas le passer à gué : il est plus large de l'autre côté le long de la rive méridionale. M. Farya, ecclésiastique de Minas, y a récemment établi, vis-à-vis de l'île, des plantations assez considérables de maïs, de manioc, de riz, de coton, etc. Son habitation est complétement isolée ; la route de Minas passe tout auprès.

Le destacamento dos Arcos fut occupé par un alferès ou enseigne et vingt soldats ; mais la désertion a graduellement réduit ce nombre à dix, la plupart hommes de couleur, indiens ou mulâtres. Ils mènent une vie misérable ; leur solde est mince ; ils sont obligés de travailler eux-mêmes à se procurer leur nourriture, qui consiste en haricots, farinha et viande salée. La provision de ce quartel en poudre et en balles va rarement à une livre ; les armes sont vieilles, il n'y en a qu'un petit nombre en état de servir : en cas d'attaque, la garnison serait fort embarrasée. Ces soldats sont aussi chargés de transporter sur le fleuve, soit en montant, soit en descendant, les voyageurs et leur bagage ; par conséquent ils sont très-expérimentés dans cette navigation, et quelques-uns peuvent passer pour d'excellens conducteurs de pirogues.

L'alferès, qui était parti peu de temps avant notre arrivée, avait laissé le commandement pendant son absence à un sous-officier. Celui-ci ayant infligé une punition à un Botocoudy qui avait commis un excès, tous les membres de la tribu du coupable, qui résidaient ordinairement ici en grand nombre, se trouvèrent offensés, et se retirèrent dans les forêts. L'officier, voyant à son retour le quartel entièrement abandonné par les Botocoudys, et apprenant la cause de leur départ, leur envoya un jeune homme de sa suite nommé Francisco, qui était de leur tribu, pour les engager à revenir.

Les Botocoudys qui demeurent ordinairement dans le voisinage du quartel composent quatre troupes dont chacune a son chef particulier, auquel les Portugais donnent le titre de capitam. On savait que le capitam June, nommé *Kerengnatnouck* parmi les sauvages, était avec sa bande à trois journées de route plus haut, près du Salto ; mais on ignorait dans quelle partie des forêts les trois autres s'étaient retirés. La mission de Francisco ne produisit pas tout de

suite l'effet qu'on en attendait : je déterminai
donc le commandant à expédier pour le même
objet plusieurs autres jeunes Botocoudys qui
venaient de revenir de Rio de Janeiro, où l'ouvidor les avait envoyés.

Mes lettres de recommandation pour le commandant du quartel me procurèrent un bon
accueil, et je m'y trouvai très-bien. On manque,
il est vrai, dans cette solitude de beaucoup de
choses de première nécessité, et pour la nourriture on est réduit au poisson salé, à la farinha et aux haricots : le poisson est d'une espèce très-commune dans le fleuve; en revanche,
le naturaliste-voyageur, accoutumé aux priva-
tions, trouve dans ce canton une occupation
abondante et les distractions les plus agréables.
Tous les jours nous faisions des parties de chasse
dans les forêts qui s'étendent jusqu'aux bords
du fleuve, et le soir nous en revenions si fatigués, qu'il nous restait à peine assez de force et
de temps pour écrire les observations que nous
avions faites.

Je profitai surtout de l'absence des Botocoudys pour visiter et examiner attentivement les
huttes qu'ils venaient de quitter, et qui étaient
situées à une assez bonne distance du fleuve,

dans une solitude bien fermée. Je les décrirai plus tard. Assez près de ces huttes se trouvait le tombeau d'un homme que j'essayai de fouiller. Il était dans un petit espace ouvert, au-dessous d'autres très-hauts, et couvert de bûches courtes mais épaisses : quand elles eurent été enlevées nous vîmes la fosse remplie de terre, où nous n'aperçûmes pas autre chose que les ossemens. Un jeune Botocoudy nommé *Burnetta*, qui nous avait indiqué le tombeau, témoigna hautement son déplaisir quand nous touchâmes les os : on abandonna donc la recherche, et l'on retourna au quartel.

Toutefois, je ne renonçai pas au projet d'examiner le tombeau, et au bout de quelques jours j'y retournai dans l'espoir d'effectuer mon dessein avant l'arrivée des sauvages. Nous nous étions pourvus en conséquence d'une hache, indépendamment de nos armes de chasse. Notre plan était de terminer la recherche avec la plus grande promptitude, mais dans les sentiers étroits qui serpentent entre les arbres gigantesques de cette forêt, une foule d'oiseaux intéressans retarda notre marche : nous en tuâmes quelques-uns, et je me préparais à en ramasser un, quand une voix rauque m'appela d'un ton bref et dur ; je me retournai à l'instant, et que l'on juge de ma surprise quand je vis derrière moi plusieurs Botocoudys nus et bruns comme les animaux des forêts, ayant tous de grosses plaques de bois blanc dans les oreilles et dans la lèvre inférieure ; je conviens que je restai un peu stupéfait ; s'ils avaient eu des intentions hostiles, j'aurais été percé de flèches avant d'avoir pu deviner qu'ils étaient si près de moi. Alors je m'avançai hardiment vers eux, et je leur dis le peu de mots de leur langue que je savais ; ils me serrèrent contre leur sein, à la manière des Portugais, me frappèrent sur l'épaule, et me parlèrent avec un son de voix très-haut et très-rude. En apercevant un fusil à deux coups ils répétèrent plusieurs fois avec l'accent de l'étonnement : *Pun uruhu* (plusieurs fusils). Bientôt arrivèrent successivement des femmes chargées de sacs pesans. Elles me regardèrent avec beaucoup de curiosité, et se communiquèrent mutuellement leurs observations. Tous, hommes et femmes, étaient complétement nus ; les hommes étaient de taille moyenne, forts, musculeux, bien faits, cependant la plupart un peu minces : les plaques de bois qu'ils avaient aux oreilles et à la lèvre inférieure les défiguraient singulièrement. Ils portaient sous leurs bras des paquets d'arcs et de flèches, et quelques-uns aussi des vases de taquarussu qui tiennent l'eau. Leurs cheveux étaient rasés, à l'exception d'une couronne ronde au sommet de la tête ; il en était de même des enfans, que les femmes portaient sur le dos, ou menaient par la main. Georges, un des hommes de ma suite, qui parlait la langue de ces sauvages, étant arrivé sur ces entrefaites, fit la conversation avec eux, ce qui leur inspira tout de suite une grande confiance. Ils s'informèrent de leurs compatriotes que l'ouvidor avait envoyés à Rio, et furent très-contens en apprenant qu'ils les trouveraient au destacament ; leur impatience s'accrut même à un tel point qu'ils s'en allèrent à la hâte.

En ce moment je me félicitai du délai que m'avait occasionné la chasse en venant dans cet endroit ; si les sauvages dont la route passait directement à côté du tombeau nous avaient surpris occupés à le fouiller, leur mauvaise humeur aurait aisément pu nous faire courir des dangers (1). Je remis donc l'exécution de mon

----

(1) Les nouvelles que j'ai ensuite reçues du Brésil par M. Freyress m'ont prouvé que les craintes que j'avais conçues

plan à un temps plus favorable. J'avais à peine fait quelques pas que le chef de la troupe, le capitam Juné, homme âgé, d'un extérieur farouche, mais d'un bon caractère, s'avança tout à coup vers moi, et nous salua de la même manière que ses compatriotes. L'aspect de ce sauvage était encore plus extraordinaire que le leur. Les plaques qu'il portait aux oreilles et à la bouche avaient quatre pouces quatre lignes de diamètre. Il était de même robuste et musculeux, mais l'âge lui avait déjà imprimé des rides. Ayant laissé sa femme en arrière, il portait sur le dos deux sacs pleins et fort lourds, et un gros paquet de flèches et de roseaux. Il avait de la peine à respirer sous ce fardeau, et en outre courait avec vitesse, le corps courbé en avant. Il commença, de même que ses compatriotes, par me demander si ses camarades étaient revenus de Rio de Janeiro : quand je lui eus répondu affirmativement, toute sa figure exprima la joie la plus vive.

---

d'une rencontre avec les sauvages dans le moment où j'aurais été occupé à ouvrir un tombeau n'étaient pas fondées ; car ce savant en ouvrit plusieurs, et les Botocoudys mirent la main à l'ouvrage pour l'aider.

Etant peu de temps après revenu au quartel, j'y trouvai un grand nombre de Botocoudys couchés sans gêne dans toutes les chambres de la maison. Quelques-uns, assis près du feu, faisaient griller des papayes; d'autres mangeaient de la farinha que le commandant du poste leur avait donnée, et plusieurs étaient occupés à regarder avec étonnement mes gens, dont la figure leur paraissait étrange. Ils ne revenaient pas de leur voir la peau blanche, les yeux bleus et les cheveux blonds. Ils furetèrent dans tous les coins de la maison pour chercher des vivres; leur appétit était toujours très-vif; ils grimpèrent à tous les papayers, et dès que la couleur verte d'un fruit annonçait un commencement de maturité, ils le cueillaient; ils en mangèrent plusieurs qui n'étaient pas mûrs, après les avoir rôtis sur des charbons ou fait bouillir.

Je commençai aussitôt un commerce d'échange avec ces sauvages, et je leur donnai des couteaux, des mouchoirs rouges, de la verroterie et d'autres bagatelles pour des armes, des sacs et d'autres ustensiles. Ils préféraient les outils de fer. De même que tous les Tapouyas de la côte orientale, ils attachèrent tout de suite à un cordon suspendu à leur cou les couteaux qu'ils venaient de trafiquer.

Une scène intéressante pour nous fut celle de l'accueil que reçurent de leurs compatriotes et de leurs parens les Botocoudys qui étaient allés à Rio avec l'ouvidor, et qui vinrent les uns après les autres. L'entrevue fut très-affectueuse. Le capitam Juné chanta une chanson pour témoigner sa joie, et quelques-uns de nous prétendirent même l'avoir vu pleurer de plaisir. Des auteurs et d'autres personnes racontent que les Botocoudys, pour se souhaiter le bonjour, se flairent mutuellement l'articulation de la main; M. Sellow entre autres dit qu'il a été témoin du fait ; mais malgré mes longues et fréquentes visites à ces sauvages, et quoique je les aie souvent vus se dire bonjour, je n'ai jamais rien observé de semblable, et je n'en ai pas même entendu parler.

Le vieux capitam s'était logé avec ses meilleurs amis dans le hangar ouvert de tous les côtés et simplement couvert en chaume qui était destiné à la fabrication de la farinha. Ayant allumé un grand feu près de la roue à broyer le manioc et du four qui sert à faire sécher la farinha, ils s'étaient couchés à l'entour, enveloppés d'une fumée épaisse, et étendus sur la cendre, qui donnait une teinte grise à une partie de leur peau brune. Souvent le capitam se levait, demandait rudement et brusquement une hache, et allait chercher du bois; de temps en temps il venait demander de la farinha aux Portugais ou à nous, ou bien secouait les papayers pour avoir leurs fruits.

Ces Botocoudys, qui se montrent des ennemis si implacables sur les bords du Rio-Doce, sont si peu redoutés sur ceux du Belmonte, que l'on s'est déjà hasardé à aller avec eux à la chasse dans les forêts, à plusieurs journées de route, et que l'on y a dormi avec eux dans leurs cabanes. Cependant ces essais ne sont pas encore très-fréquens, car la méfiance qu'ils inspirent ne se perd pas aisément. Mais ce n'est pas seulement cette méfiance et la crainte de tomber au pouvoir des sauvages qui éloigne les Européens de ces courses dans les forêts en compagnie des Botocoudys, c'est la vigueur incroyable de ces hommes de la nature, qui ne se fatiguent pas comme les blancs. En effet, nos gens revenaient toujours épuisés de lassitude après leurs courses dans les forêts avec les Botocoudys. La force musculaire de ceux-ci les rend capables de gravir et de descendre les montagnes avec une promptitude et une agilité extrêmes par la plus grande chaleur; ils pénètrent dans les forêts les plus touffues et les plus impraticables, rien ne les arrête; ils passent à la nage ou à gué les fleuves quand ils ne sont pas trop rapides. Entièrement nus, par conséquent exempts de l'embarras des vêtemens, ils ne transpirent pas; ne portant que leurs arcs et leurs flèches à la main, ils peuvent se pencher avec facilité; leur peau endurcie ne redoutant ni les piqûres des épines ni les accidens du même genre, ils se glissent par les plus petites ouvertures des buissons, et dans un jour parcourent de très-longs espaces.

Mes chasseurs eurent entre autres une preuve de cette supériorité physique des Botocoudys, dans un jeune homme de cette nation, nommé Jurerâcke. Il avait appris à très-bien tirer un coup de fusil, et était en outre un archer très-distingué. Je l'envoyais quelquefois dans les forêts avec d'autres Botocoudys pour chasser; ces hommes y restaient quelquefois un jour entier, et je leur donnais pour leur peine un peu de farinha et d'eau-de-vie, ce qui les satisfaisait. J'aimais surtout à employer Jurerâcke, parce qu'il était fort adroit, et montrait beaucoup d'agilité à tous les exercices du corps. Mes chasseurs accompagnèrent d'abord les Botocoudys, mais bientôt ils se plaignirent de leur trop grande célérité à la course, et les laissèrent aller seuls.

La chasse nous occupait tous les jours dans les environs du quartel. Ordinairement les araras se montrent peu dans ce canton quand ils voient les sauvages, parce que ceux-ci les inquiètent toujours. Ils étaient revenus pendant l'absence des Botocoudys ; bientôt ils trouvèrent qu'avec nos armes de chasse nous étions des ennemis non moins formidables. Nous en tuâmes beaucoup, ce qui nous fit un double plaisir, car tout le voisinage était absolument dépourvu d'autre gibier , et les vivres que l'on nous fournissait du quartel étaient souvent mesurés avec tant de parcimonie que nous souffrions presque de la faim.

On continua aussi à pêcher. Peu de temps après notre arrivée on prit plusieurs espadartas ou poissons scie (*pristis serra*) dont la chair nous parut de très-bon goût. On n'attrape ici au filet qu'un seul poisson, le crumatan ; mais on en prend plusieurs à l'hameçon, tels que le robal , le piabanha, le piace, le jundiah (*silurus*), le cassao (*squalus*), l'espadarta, le cucurupara (*squalus*), le curubi, le camurupi et d'autres. Le cru-matam est un poisson mou et rempli d'arêtes ; les sauvages le tuent à coups de flèches.

Les principaux ustensiles de pêche employés sur le Rio-Belmonte sont, indépendamment du camboa ou du coral, le taraffa, grand filet rond que l'on jette comme l'épervier, et plusieurs petits paniers, tels que le paca, fait de brins de bois fendu ou de roseaux tressés ; il est un peu plat et recourbé, avec une ouverture dans la partie concave et intérieure ; le jiquia, long panier conique fait de sarmens de cipo fendus, et tenus intérieurement à distance l'un de l'autre par des cercles de la même plante ; le musuà, semblable aux précédens, mais de forme cylindrique, pourvu d'une entrée aux deux extrémités, et fait de morceaux minces de canna brava. Les ouvertures de tous ces paniers, surtout celles des deux extrémités du dernier, sont garnies de petites baguettes pointues, disposées en cône et dirigées vers l'intérieur, de manière que le poisson peut entrer, mais qu'il lui est impossible de sortir. On prend principalement dans ces corbeilles le camarao, grosse écrevisse orange-brunâtre et rayée de noir, que nous avons aussi trouvée dans de petits ruisseaux de l'intérieur des forêts. On donne à ces ustensiles quatre à cinq empans de long. On se sert aussi de filets, de cordes qui souvent occupent un grand espace, et avec lesquels plusieurs personnes pêchent dans des canots différens. On fait encore usage du ciripoia, qui consiste en un sac de filet attaché autour d'un cerceau; les enfans l'emploient dans les ports pour prendre des crabes et de petits homards. Enfin le tapasteiro est un filet fixé à quatre morceaux de bois disposés en croix que l'on promène dans les ports au fond de la mer, également pour prendre des crabes et des homards; le pêcheur entre dans l'eau jusqu'à la ceinture, et marche à reculons. Il porte suspendu à son cou un vase dans lequel il met ce qu'il a pris.

Les Botocoudys, qui se tiennent volontiers dans le voisinage des Européens, parce qu'ils y trouvent leur intérêt, avaient de même que nous fait l'expérience que les quartels manquent quelquefois de provisions; quelques-uns avaient donc établi des plantations; on en voyait une sur la rive septentrionale du fleuve, vis-à-vis du quartel. Il y avait quelques cabanes près desquelles ils avaient planté des bananiers. Ils ont ensuite abandonné les cabanes après y avoir

enterré quelques-uns des leurs, et à leur retour,
quand j'étais dans ce canton, ils les brûlèrent ;
mais ils ont soigneusement conservé les bananiers à cause de leur fruit. Quelques Botocoudys
s'étaient établis plus haut le long du fleuve,
dans un canton du territoire de Minas-Novas,
et y avaient aussi formé des plantations; ils
n'ont pas tardé à retourner dans les forêts, et
les Machacalis ont formé sur le même emplacement un grand rancharia ou village. Ces exemples prouvent que les Botocoudys commencent
réellement à s'approcher de la civilisation, mais
en même temps qu'il leur sera très-difficile de
renoncer entièrement à la vie errante de chasseurs, naturelle à leur tribu, puisque pour y
retourner ils quittent si aisément les plantations
qu'ils ont établies. L'accroissement de population des Européens, et le resserrement des limites du terrain où ils chassent pourront seuls
les déterminer graduellement à changer leur
manière de vivre.

Les Botocoudys vivant sous le même toit que
nous nous procuraient ample matière à observations et souvent des scènes intéressantes. Un
jour le vieux capitam, dont j'avais acheté l'arc et
les flèches, vint me trouver pour me les em-

prunter, parce qu'il prétendait ne pouvoir s'en passer pour chasser; je lui accordai sa demande, mais l'époque à laquelle il avait promis de me les rendre arriva, et je ne les revis pas; je ne les aperçus pas non plus dans les mains du sauvage. Je les lui demandai amicalement, ce fut inutile. Enfin j'appris qu'il les avait cachées dans la forêt; il se passa bien du temps avant que mes réclamations sérieuses, appuyées par le commandant du quartel, pussent décider le vieux sauvage à aller chercher ces flèches et à me les rendre. Les haches, qu'ils nomment dans leur langue *carapo*, et les couteaux ont à leurs yeux la plus grande valeur; ils se servent des premières surtout pour fendre le pao d'arco (*bignonia*), arbre dont le bois est très-compact et dont ils font leurs arcs. Ils prennent ces deux objets en échange de leurs arcs et de leurs flèches, mais ils ont un si grand appétit, qu'ils donnent les couteaux pour un peu de farine de manioc.

L'île sur laquelle le quartel est bâti n'est, comme je l'ai dit plus haut, dégarnie de forêts que dans sa partie supérieure et inférieure; c'est là que l'on a établi les plantations dont la garnison et les Botocoudys tirent leur subsistance. L'intérieur est en partie encore couvert de broussailles (*capueiras*) et de forêts, où l'on n'a pas ouvert de route ; il en est de même des bords du fleuve dans le voisinage. A l'exception de la route de Minas sur la rive méridionale, on ne trouve dans toute cette forêt que des sentiers étroits pratiqués par les Botocoudys ou par les bêtes féroces : voilà pourquoi nous faisions presque toutes nos parties de chasse en pirogues, nous montions ou nous descendions le fleuve jusqu'à une certaine distance ; nous mettions pied à terre, puis nous nous enfoncions dans les forêts. Quelques-unes de ces excursions étaient très agréables, surtout en remontant le fleuve.

Cachoeïrinha, qui donne son nom au canton, est un lieu qui mérite une mention particulière ; il est situé à une demi-lieue ou trois quarts de lieue au-dessus de l'île du quartel ; on arrive de Cachoeïrinha en un quart d'heure, parce que l'on est aidé par le courant. Le lit du fleuve y est resserré entre de grandes montagnes, et sa surface ombragée par des forêts non interrompues. Parées en ce moment des couleurs vives du printemps, elles offraient un aspect ravissant ; le jeune feuillage gris cendré, vert clair ou foncé, jaune vert, brun rougeâtre ou rose ; les fleurs blanches, jaune foncé, violettes ou roses, rivalisaient pour ajouter à leur magnificence. Immédiatement au pied de ces montagnes des rochers baignés par le fleuve, les uns très-gros et de figure singulière, forment la branche avancée du terrain montagneux de Minas, qui commence en cet endroit ; car plus bas l'on n'aperçoit pas de blocs de rochers dans le fleuve.

Un îlot situé près du rivage et tout composé de blocs rocailleux est remarquable par la quantité de nids d'oiseaux dont sont chargés quelques arbres tortus qui y croissent. L'oiseau qui fabrique ces nids en forme de bourse, avec les fibres du tillandsia, est le japui (*cassicus oriolus*) à plumage noir et jaune ; il a de l'affinité avec les loriots. Je ne l'ai pas trouvé au sud du Belmonte. Il vit en société ; de même que tous les cassiques, il se construit un nid en forme de bourse, qu'il suspend à un rameau mince, et y pond deux œufs : ces nids étaient vides en ce moment. La ponte ayant lieu en novembre, en décembre et en janvier, les pêcheurs prennent les petits, et s'en servent en guise d'appât pour leurs hameçons. Les loriots noirs voltigeaient en petites troupes sur les rochers voisins du fleuve, et le tijé-piranga (*tanagra brasilia*, L.) à plumage rouge de sang était très-commun en ce lieu, de même que dans tous les buissons touffus des bords des rivières.

On arrive dans ce trajet à un coude où le Belmonte se resserre, et où son lit est si rempli de rochers, qu'il ne reste au milieu qu'un canal étroit pour les pirogues ; le fleuve y coule avec impétuosité, puis tombe doucement par-dessus la surface plate des rocs. C'est cet endroit que l'on nomme *cachoeïrinha* ou la petite cascade. Le rejaillissement de l'eau a creusé dans les rochers des trous ronds en forme d'entonnoir et la plupart d'une régularité surprenante. J'avais une grande pirogue conduite par deux Botocoudys, Jurerâcke et Rhà, ainsi que par un de mes gens ; mais le courant était si violent dans cet endroit, que ces trois hommes ne furent pas capables d'approcher le bateau de la chute autant que je le désirais. Quand on remonte le fleuve on tire les pirogues à terre, ici et dans tous les endroits semblables ; mais en le descendant, on les y fait passer, avec l'aide de soldats des quartels qui en connaissent bien la navigation. Dans le temps des hautes eaux on franchit même presque sans risque et avec beaucoup de promptitude des obstacles qui dans les eaux basses font courir des dangers aux mariniers les plus expérimentés. Dans le moment actuel, où les pointes des rochers s'élèvent au-dessus de la surface de l'eau, ce canton rappelle des scènes pittoresques du même genre que l'on voit en Suisse.

Plusieurs plantes intéressantes croissent ici, entre autres le ciriba, arbrisseau qui ressemble à l'osier; c'est probablement une espèce de croton; il pousse des branches longues et souples qui servent aux navigateurs à se retenir pour résister sûrement à un courant modéré; ce végétal paraît être le seul qui remplace le saule sur la côte orientale du Brésil; du moins je n'ai pas trouvé une seule espèce de cette famille dans toute la partie que j'ai parcourue. Ce lieu produit encore un arbrisseau à bouquets de fleurs blanches qui exhalent une odeur d'œillet très-agréable, et une autre plante très-jolie qui paraît avoir de l'affinité avec les scabieuses, et dont les fleurs couleur de rose parent les flancs gris et nus des roches primitives. Plusieurs bignonias qui penchaient leur cime au-dessus du fleuve étaient en ce moment chargés de leurs belles et grandes fleurs violettes qui s'épanouissaient; elles paraissent avant les feuilles.

Les seuls êtres vivans que l'on aperçoive en

cet endroit sont plusieurs espèces d'hirondelles qui volent après des insectes à la fraîcheur du tourbillon du fleuve. Mais j'observais entre des morceaux de rochers, sur le sable, les traces des Botocoudys, maîtres de cette solitude; l'empreinte était d'autant plus pure et plus parfaite, qu'aucune chaussure n'a en les comprimant défiguré leurs pieds. Nous avons visité des cabanes vides, élevées par des minéiros qui voyageaient, puis nous sommes revenus au quartel.

Durant cette navigation nous avons tué un beau myua ou anhinga (*plotus anhinga*, L.): cet oiseau est très-farouche; il faut pour l'attraper être familiarisé avec la manière de le chasser, et s'y prendre avec beaucoup de précaution. On laisse à cet effet la pirogue dériver le long du bord du fleuve; on tient son arme prête à tirer, et on ne perd pas l'oiseau de vue; dès qu'il commence à lever les ailes, il faut lâcher son coup, car ensuite on ne peut plus s'en approcher. Mes Botocoudys se tinrent très-tranquilles; je m'étais couché à l'avant de la pirogue, et je tirai; l'oiseau tomba aussitôt dans le fleuve, et alla au fond sous le canot; mais Jurerâcke le retira très-adroitement.

A notre retour au destacament on y manquait de vivres, parce que la pêche n'avait pas été heureuse. En conséquence nous fîmes descendre le fleuve à nos chasseurs dans deux pirogues pour essayer d'avoir du gibier. Ils furent plus heureux qu'à l'ordinaire; car après trente-six heures ils revinrent le soir rapportant vingt-un pécaris (*dicotyles labiatus,* Cuvier). Ils avaient rencontré quatorze troupes de ces animaux : l'on peut, d'après ce fait, se figurer la quantité prodigieuse qui habite dans les forêts du Brésil. Les sauvages leur font une chasse assidue ; c'est avec les singes ceux qu'ils préfèrent à tous les autres.

L'arrivée de nos chasseurs avec les pirogues chargées de denrées si précieuses fut très-agréable non-seulement à nous autres Européens affamés, mais aussi à la troupe des Botocoudys, qui semblaient avec leurs regards avides dévorer tout ce gibier. Ils montrèrent sur-le-champ une activité extraordinaire, et offrirent de la manière la plus pressante de flamber et d'accommoder ces pécaris si nous voulions leur en donner un peu. Comme ils sont très-habiles à cette besogne, nous consentîmes à leur demande ; et aussitôt jeunes et vieux mirent la main à l'ouvrage ; ils allumèrent en un clin d'œil plusieurs feux, passèrent les pécaris à la flamme, en brûlèrent les poils, les raclèrent complétement, les vidèrent, et les lavèrent à la rivière ; on leur donna pour leur peine la tête et les intestins. Ensuite les soldats dépecèrent ces animaux, et les coupèrent en petits morceaux pour les saler, ce qui nous procura des vivres pour quelque temps.

Indépendamment de ce gibier, qui servit à satisfaire un besoin pressant, mes chasseurs avaient aussi rapporté divers objets d'histoire naturelle très-intéressans, entre autre un anhima ou kamichi, qu'il n'est pas facile de tirer. En ayant aperçu un sur un banc de sable, ils s'en approchèrent tout doucement, et d'un coup de fusil lui cassèrent l'aile. On put le garder en vie pendant quelque temps, et j'eus le loisir de l'observer. Buffon l'a décrit avec assez d'exactitude. Celui que j'avais était un mâle ; il avait sur le front une corne assez grande, im-plantée sur la peau et par conséquent mobile : la femelle en a une pareille. Les Botocoudys, animés par notre zèle pour la chasse, firent aussi des excursions dans les forêts ; ils en rap-portèrent des cerfs, des agoutis et d'autres ani-maux qu'ils mangèrent presque tous à l'instant même. Ils rôtirent la chair ; c'est ce que l'on

appelle *boucaner* ou *muquiar*, et firent sécher
ce qu'ils ne consommèrent pas tout de suite.
Aho, mon aide-chasseur, tua un jour du haut
d'un arbre plusieurs pièces de gibier, et les
apporta tout joyeux; après une chasse heureuse
il en partageait toujours le produit avec ses
compatriotes.

Plusieurs Botocoudys étaient allés dans les
forêts avec des haches qu'ils avaient empruntées,
afin de fabriquer de nouvelles flèches et de nouveaux arcs pour remplacer ceux qu'ils nous
avaient vendus. Le tapicuru ou pao d'arco, qui
leur sert à faire ces armes, est un arbre dur,
compact, qui dans les mois d'août et de septembre pousse de belles feuilles brun rouge,
et porte ensuite de grandes fleurs jaunes. Son
bois est blanchâtre; le cœur en est jaune de
soufre, c'est avec cette partie que les sauvages
du Belmonte et des pays plus au nord font leurs
arcs. Ce travail leur coûte beaucoup de peine;
c'est pourquoi ils le redoutent : ils aimaient mieux
nous emprunter des arcs que d'en faire ; quelques-uns même cherchaient à nous les en-
lever.

Ayant tout le loisir de remonter le Belmonte
en pirogue pour connaître mieux les animaux

qui remplissent les forêts dont il est entouré, je me mis en route pour le quartel do Salto, éloigné de celui dos Arcos d'une douzaine de lieues par terre, mais de trois journées de route par eau : quatre hommes dans une pirogue chargée peu pesamment sont obligés de prendre beaucoup de peine pour effectuer le voyage dans ce délai. Mon canot, qui était assez léger, avait pour conducteurs quatre mariniers ou canoeïros, qui connaissaient parfaitement le fleuve : je partis du quartel à midi, et je n'allai dans cette journée qu'au-delà du Cachoeïrinha ou de la partie inférieure du fleuve. Je franchis la cataracte. Les bancs de rochers qui resserrent le Rio-Belmonte remplissent son lit ; à dix minutes de distance, il tombe en écumant par-dessus cet obstacle, qui gêne beaucoup la navigation : quand on descend le fleuve, les rochers saillans et les canaux sinueux qui les séparent rendent le passage dangereux pour les pirogues à cause de l'impétuosité de la chute de l'eau. Avant d'arriver au Cachoeïrinha, nous nous sommes arrêtés à sa rive méridionale, afin d'aller couper dans la forêt de longues perches (*varas*) de bois dur et souple, dont on se sert pour faire avancer la pirogue. Nous avons coupé

aussi de long cipos : on fit avec trois ou quatre
de ces tiges fortes et ligneuses une corde solide
(*regeira*) qui fut attachée à l'avant de la pirogue
pour la haler. Ces préparatifs terminés, nous
avons entrepris la tâche difficile de remonter
le Cachoeïrinha. Deux matelots qui tantôt mar-
chaient dans l'eau jusqu'aux hanches, tantôt
sautaient de rocher en rocher, et quelquefois
tombaient dans la rivière jusqu'au cou, entre les
blocs de pierre, tiraient après eux les pirogues
vides que les autres personnes poussaient par
derrière. Quant à moi je grimpai avec mes armes
le long du rivage sur les rochers.

Je tuai dans cet endroit une espèce d'hirondelle à queue fourchue que je ne connaissais pas
encore (1), d'autres espèces, la blanche et la
jaune, et l'hirondelle à gorge rousse (2), y voltigeaient en grandes troupes. Un gobe-mouche
à plumage en partie roux niche aussi dans ces

----

(1) *Hirundo melanoleuca* queue fourchue , dessus du
corps noir, dessous blanc, bande transversale noire sous
le gosier ; longueur totale cinq pouces quatre lignes et demie.

(2) *Hirundo leucoptera* et *irregularis*: la dernière, à gorge
roux clair, et à ventre jaunâtre blanc, est probablement
l'hirondelle à ventre jaunâtre d'Azara. *Voyages*, tom. IV,
pag. 104.

rochers (1). Dans le sertam de Bahia on le nomme *gibaò de couro* ou jaquette de cuir. Il se trouve dans Minas et même sur la côte orientale, mais plus rarement, et se tient surtout dans les tas de pierres, ou sur les toits des maisons. On le voit souvent dans les rochers du Belmonte, perché sur la pointe des blocs, voler après les insectes, en s'élevant directement en l'air, puis revenir à sa place.

Toutes les plantes que j'avais récemment trouvées dans cet endroit fleurissaient actuellement, de même que plusieurs espèces de bignonias, dont les fleurs roses ou violettes paraissent avant les feuilles, mais malheureusement passent et tombent trop vite.

Quand mes canoeïros eurent franchi les cataractes du Cachoeïrinha, le jour touchait à sa fin. En conséquence nous prîmes le parti de passer la nuit sur un banc de sable près du rivage, au-

---

(1) *Muscicapa rupestris.* Nouvelle espèce, longueur six pouces onze lignes ; tout le dessus du corps gris foncé brun ; le dessous de même que la queue roux clair ; plumes de la queue rousses à larges pointes d'un brun noir ; plumes du dessus de l'aile brun noir avec deux raies transversales irrégulières rousses.

dessus de la chute. Ce lieu s'appelle Raçaseïro.
Le soleil nous éclairait encore , et il faisait déjà
nuit dans la forêt voisine. La voix rauque des
araras retentissait de tous les côtés. Comme le
temps était beau et serein, nous avons passé la
nuit à la belle étoile près d'un bon feu: j'étais
enveloppé d'une grosse couverture de laine; les
canoeïros s'étaient mis à l'abri d'une natte de
paille (*esteira*), une grande peau de bœuf sèche,
étendue à terre, nous servait de tapis.

Le lendemain matin nous avons continué
notre navigation. A partir de cet endroit la
pente du fleuve devient moins considérable,
mais son aspect ne change pas ; son lit, moins
profond, était entrecoupé de gros blocs de gra-
nit, dont le nombre augmentait en se rapprochant du rivage ; ils étaient de plus forte dimension sur le bord de la forêt, et extrêmement
serrés les uns contre les autres. Ces rochers, qui
partagent la rivière en plusieurs canaux , indiquent par leur nature que ses eaux viennent des
hautes montagnes de Minas. Plusieurs renferment une grande quantité de mica, et l'on trouve,
dans tous les ruisseaux que le fleuve reçoit, de
l'or et même des pierres précieuses. L'eau du
Belmonte, jaunâtre et trouble à l'époque du gon-

flement des rivières, était en ce moment claire et limpide , ce qui nous donnait la facilité d'éviter les rochers qui se trouvaient au-dessous de sa surface. Les rivages rocailleux de cette vallée s'élèvent brusquement avec les forêts qui les couvrent , et les gros blocs de rochers se prolongent jusque dans la forêt. Plusieurs espèces d'arbres perdant leurs feuilles à cette époque , et d'autres en plus grand nombre restant toujours verts , la forêt paraissait ici moitié verte et moitié grise. En allant vers Minas, ce phénomène est encore bien plus frappant, et même dans plusieurs cantons les feuilles tombent entièrement. Cependant la variété du jeune feuillage qui poussait en ce moment , commençait à donner au paysage une vie et un charme nouveau : le tapicura (*bignonia*) était couvert de ses belles feuilles naissantes rouge brunâtre ; les quatelés ou sapucayas étalaient leurs cimes couleur de rose : la *buginvillea brasiliensis* entourait en serpentant le faîte d'arbres dont une partie n'était pas encore en feuilles , et les recouvrait de ses fleurs d'un rose foncé, enfin plusieurs espèces de bignonias, les unes à tige droite, les autres rampantes à terre , les autres grimpantes, étalaient la variété de leurs fleurs roses , violettes, blanches et jaunes. Dans cette saison il serait presque impossible à un peintre de paysage de représenter fidèlement la diversité et le mélange des couleurs des cimes gigantesques de ces forêts antiques, et quand même il y réussirait, quiconque n'a pas vu les contrées équatoriales regarderait son tableau comme une pure fantaisie de son imagination.

Nous avons encore été obligés d'employer les moyens pénibles décrits plus haut pour nous tirer du milieu des rochers, et traverser les courans : souvent les hommes qui tiraient la pirogue tombaient dans l'eau jusqu'au cou, mais sans laisser échapper la corde qu'ils tenaient à la main.

La chaleur était forte, des nuées de moustiques nous tourmentaient : on dit qu'elles sont encore plus insupportables à l'époque des hautes eaux. Le soir du second jour nous avons encore allumé le feu sur un banc de sable; la lune nous éclairait, et nous annonçait du beau temps pour le lendemain. Le matin toute la vallée du Belmonte fut voilée d'un brouillard épais, mais il ne tarda pas à tomber; le ciel s'étant éclairci, nous vîmes une troupe nombreuse de grosses hirondelles de la famille des cypselus; c'était une nouvelle espèce, dont le plumage noir de suie n'avait rien de remarquable : leur vol extrêmement précipité nous empêcha d'en tuer aucune.

En continuant notre navigation nous avons passé devant de grandes masses de rochers, puis nous sommes arrivés à une cataracte très-forte ; nous l'avons franchie de même que les autres à l'aide du régeira, sans décharger notre canot. Nous avons ensuite atteint un lieu où le fleuve coule assez également et n'a pas beaucoup de courant. A la rive septentrionale un rocher s'élève en saillie au-dessus du fleuve, et offre à sa base une espèce de caverne. Ce lieu porte le nom de *Lapa dos mineïros (grotte des mineurs)*, mais ce n'est qu'un recoin formé par la saillie des rochers et couvert, où les voyageurs ont coutume de passer la nuit quand elle les surprend dans ce canton, parce que le feu qu'ils allument est parfaitement à l'abri du vent et de la pluie.

Derrière cet endroit les montagnes qui renferment la rivière se resserrent ; ses bords sont couverts de gros blocs de rochers ; nous avons fait halte un instant sur les bords d'un corrego ou petit ruisseau. Mes canoeïros descendirent à terre pour chercher des pierres à aiguiser ; tous les cailloux roulés de ce petit courant d'eau offraient les différentes espèces de roches de Minas, mêlées à beaucoup de mica. Mes gens, parmi lesquels il y avait un mineur expérimenté, prétendaient que souvent l'on trouvait ici de l'or, et que, d'après l'aspect des cailloux, on pouvait juger avec certitude de la présence du métal. Le lit de ce torrent bruyant, qui traverse des cantons absolument inhabités par les hommes, nous a offert des vestiges de tapirs et de pécaris, paisibles habitans de ces solitudes. Le corrego leur fournit, même dans la saison des pluies, de l'eau claire et limpide, et le désert qui les entoure leur assure une retraite commode et sure.

Nous avons encore franchi plusieurs petites cataractes, où nous avons eu beaucoup de peine à faire avancer notre pirogue à cause du peu de profondeur de l'eau. Le soir nous avons campé sur une plage sablonneuse le long du rivage entre des rochers, dans un endroit où le fleuve est très-resserré. Deux cougouars avaient récemment rôdé dans les environs; leurs traces étaient encore fraîches; nous étions occupés à les examiner lorsque notre attention fut attirée par une compagnie de loutres qui descendaient le fleuve en prenant du poisson. Elles levaient assez souvent leurs têtes au-dessus de l'eau, et reniflaient fortement. Malheureusement elles étaient trop éloignées pour qu'un coup de fusil pût les atteindre. Cet animal dévore dans les rivières une grande quantité de poissons, dont on trouve les restes sur les rochers ; j'y rencontrai souvent la tête et les arêtes du cou d'une espèce de silure jaune brun, à taches noires et rondes (1) : ces parties dures semblent répugner à la loutre, qui les laisse de côté.

Plusieurs autres animaux se montrèrent aussi dans le voisinage de notre campement ; les araras se faisaient entendre dans le haut des forêts, et de grosses chauve-souris volaient au-dessus de nos têtes lorsque le jour commençait à baisser. Après que la nuit eut étendu ses ombres sur tout le pays, nos oreilles furent frappées de voix singulières et inconnues de chouettes et d'engoulevens.

Le lendemain matin un brouillard épais enveloppait encore tout le voisinage ; il n'était pas froid ; mais il était fort humide : bientôt la chaleur du soleil du tropique le dissipa, et nous

______

(1) On le nomme ici *roncador* : au sud de Villa de Victoria on donne ce nom à un autre poisson. Je n'ai pas eu l'occasion de voir le premier tout entier.

eut promptement séchés. Nous continuâmes ensuite à naviguer jusqu'à la cataracte la plus considérable que nous eussions encore eu à franchir.
Il fallut déposer la cargaison de la pirogue sur
une île rocailleuse, et chacun mit la main à
l'ouvrage pour élever l'embarcation au-dessus
d'une roche haute de trois pieds, besogne que
le courant de l'eau rendait encore plus difficile.
Le transport de la pirogue sur l'île à l'extrémité
de laquelle on avait placé la cargaison coûta des
peines infinies ; ensuite il fallut la vider, la
charger de nouveau et la remettre à flot.

Tandis que mes gens étaient occupés avec la
pirogue, je jetai par hasard les yeux sur l'autre
rive, et à ma surprise extrême j'aperçus un
grand et vigoureux Botocoudy assis les jambes
croisées. Il s'appelait *Jukakemet ;* mes gens le
connaissaient bien, mais ne l'avaient pas remarqué. Il avait été spectateur de notre travail sans donner le moindre signe d'existence :
ce corps nu gris brun ne se distinguait pas beaucoup sur le fond gris des rochers ; c'est pourquoi ces sauvages peuvent s'approcher beaucoup sans être aperçus, et les soldats qui, dans
d'autres cantons, leur font la guerre, ne sau-
raient trop se tenir sur leurs gardes. Nous avons

prié le Botocoudy solitaire de venir nous trouver à la nage ; il nous fit entendre que la rivière était trop rapide , qu'il allait retourner au quartel do Salto, qui n'était pas très-éloigné , et qu'il nous y attendrait.

Nous avons vu aussi à la rive septentrionale des Botocoudys qui allaient à la chasse avec un soldat du quartel ; ceux-ci ne voulurent pas non plus nous accoster. Après avoir passé devant un pan de rochers, très-haut, noirâtre, et traversé de veines de quartz jaune , nous sommes arrivés au port du quartel do Salto. La rivière cessant, à cause d'une chute considérable, d'être navigable dans le voisinage de ce poste militaire, on est obligé de débarquer avant d'arriver à cet endroit, et de faire le chemin par terre en franchissant une montagne; puis on se rembarque au-delà du quartel dans d'autres pirogues. Je fis décharger mon bagage, que l'on porta au quartel, où l'on arrive par un sentier très-roide : on a bâti sur la hauteur un petit hangar pour y déposer les marchandises qui vont à Minas.

L'on entre en haut dans une grande forêt où les bromélias forment à la surface de la terre un hallier impénétrable, et où des begonias hauts de six à huit pieds, avec leurs grandes feuilles (1), croissent en abondance. On y voyait le fromager ventru (*bombax ventricosa*. Arruda) d'une dimension gigantesque; son tronc, mince près de terre et à la cime, est renflé au milieu, ce qui lui fait donner par les Portugais le nom de *barrigudo*. Il y a plusieurs variétés de ce fromager : l'une a une écorce lisse, seulement un peu froncée; une autre a la tige munie de piquans courts, robustes, émoussés; les feuilles solitaires de la cime peu touffues sont palmées; dans quelques variétés elles sont à deux ou à trois lobes, et dans d'autres entières. Les fleurs sont grandes, belles, de couleur blanche; en se flétrissant, elles tombent et couvrent la terre. Le tronc énorme de cet arbre est plein d'une moelle juteuse et molle; l'on y trouve plusieurs grosses larves d'insectes, que les Botocoudys recherchent, qu'ils font rôtir à des brochettes de bois, et qu'ils mangent avec avidité. Si l'on perce l'arbre, il en découle un suc très-visqueux ou une sorte de résine.

Un petit sentier solitaire conduisait d'un

______

(1) Les espèces de begonia sont très-nombreuses au Brésil; quelques-unes deviennent extrêmement hautes et fortes.

côté au sommet des hauteurs où une horde de Botocoudys s'est établie : plusieurs d'entre eux visitent souvent le destacament, et y travaillent pendant un certain temps ; pour leur peine, on leur donne à manger.

On a à peu près une demi-legoa à faire par terre jusqu'au quartel. Le chemin va en montant et en descendant à travers la forêt, ce qui rend extrêmement pénible le transport des marchandises, que l'on est obligé de porter toutes à bras d'homme. Le quartel do Salto est situé sur le fleuve dans un endroit où la vallée s'élargit un peu, et où dans le temps des basses eaux on aperçoit de chaque côté du fleuve un emplacement couvert de cailloux roulés. Les bâtimens sont en terre, et couverts de grands morceaux d'écorce de pao d'arco. Le commandant, qui était un sous-officier (*cabo*) et homme de couleur, m'accueillit très-bien, et me conduisit dans une chambre : il n'avait avec lui que deux soldats, les autres étaient allés à Minas en pirogue. En revanche toutes les chambres étaient pleines de Botocoudys, auxquels on avait permis d'y demeurer afin de faire la paix avec eux. J'y trouvai la vieille femme du capitam June, aussi nue que lui ; elle y était restée, lorsque le reste de la compagnie partit pour le Cachoeïrinha. Indépendamment de cette femme extrêmement laide, il y en avait d'autres très-bien faites : la plupart étaient peintes à leur manière. Les unes avaient laissé au corps sa couleur naturelle ; leur visage seul, depuis le haut jusqu'à la bouche, était barbouillé de rouge avec le rocou ; d'autres avaient le corps peint en noir, mais les mains, les pieds et le visage étaient dépourvus de cet ornement.

Jukakemet parut aussi : c'était un des plus grands Botocoudys que j'aie vus ; il avait aux oreilles et à la bouche des plaques très grandes. On me raconta que peu de temps auparavant il avait eu une dispute violente avec le capitam Gipakeiu, chef d'une autre troupe, et qu'ayant porté les mains sur lui, ce dernier lui avait tiré une flèche qui l'avait légèrement blessé au cou ; Jukakemet nous en montra la cicatrice. Il évitait soigneusement tous les cantons dans lesquels rodait le capitam Gipakeiu, qui, en ce moment, se trouvait sur la rive septentrionale du fleuve, dans le voisinage du quartel dos Arcos, occupé à la chasse des pécaris dans les grandes forêts.

La route de Minas passe tout près des bâtimens du destacament; à commencer de ce lieu elle est praticable et très-bonne de ce côté; tandis que d'ici à Belmonte l'on ne peut encore en faire usage, ainsi que je l'ai observé plus haut. Quelques jours auparavant une tropa de mulets chargés de coton était arrivée de Minas-Novas; elle avait pris en retour du sel, denrée qui manque dans les pays hauts. Des mineïros, que le commerce avait appelés en ce lieu, se plaignaient beaucoup de l'abandon auquel on livrait, dans la partie inférieure du cours du fleuve, cette route si vantée. Quand ils la parcourent, ils donnent tous les jours à leurs mulets un mélange d'huile et de poudre à tirer; ils disent que c'est un excellent préservatif contre les mauvais effets des pâturages malfaisans que l'on rencontre en quelques endroits : on a aussi dans ce cas l'usage de leur donner un peu de sel. Si cette route était réellement aussi bonne qu'on l'a dépeinte, il s'établirait en peu de temps un commerce considérable avec Minas, parce que le transport des marchandises par eau depuis Salto est accompagné de beaucoup de difficultés, et que, de plus, on ne peut les amener qu'avec des peines extraordinaires du lieu de débarquement au quartel. Il serait fort aisé d'établir au moins un chemin praticable pour les voitures depuis Salto jusqu'au lieu de débarquement, et l'on chargerait les marchandises sur des charrettes attelées de bœufs; mais dans ces déserts l'industrie des hommes ne va pas si loin. Il faut espérer que les plaintes devenues récemment si vives et si générales sur le mauvais état d'une grande partie de cette route, donneront lieu à un examen soigneux et, à une réparation complète de cet objet.

Je restai le jour suivant à Salto, et de bon matin je fis une promenade Sau aut, qui n'est pas éloigné. Le bruit qu'il fait l'annonce de loin. Il faut grimper sur d'énormes rochers entassés confusément les uns sur les autres, pour jouir de la vue de cette chute. Le fleuve resserré se précipite avec grand fracas et en écumant par-dessus la barrière que lui opposent les rochers; le rejaillissement de ses eaux produit un brouillard blanchâtre et une pluie extrêmement fine; un peu plus bas il fait une seconde chute plus considérable. Je me rapelai avec plaisir en ce moment que huit ans auparavant j'avais joui en Suisse du coup d'œil de cascades bien plus considérables; plusieurs de celles du Belmonte, notamment les Cachoeïra do Inferno, doivent ressembler en petit au randal d'Aturès et de Maypourès dont M. de Humboldt a donné une description si intéressante (1); mais elles ne sont peut-être pas si resserrées ni si rapprochées les unes des autres que celles du colossal Orénoque. Sur les blocs de rochers humectés par la pluie du rejaillissement du saut croissent de jolis arbrisseaux, entre autres un myrte à feuilles étroites qui en ce moment était en fleur.

Un autre motif qui m'avait engagé à rester un jour de plus en ce lieu était l'espoir de me procurer un crâne de Botocoudy : j'avais été empêché de fouiller entièrement un tombeau près du quartel dos Arcos pour m'en procurer un ; je fus plus heureux ici. A quelque distance du quartel, on avait enterré dans la forêt, au-dessous de plantes grimpantes chargées de fleurs magnifiques, un jeune Botocoudy âgé d'une trentaine d'années, et un des guerriers les plus turbulens de sa tribu. Munis de pioches, nous sommes allés au tombeau et nous avons enlevé le crâne; au premier coup d'œil il m'offrit une singularité d'ostéologie. La plaque de bois de la

____

(1) *Ansichten der Natur*, p. 511.
Tableaux de la Nature, tom. II, p. 398.

lèvre inférieure avait non-seulement déraciné les dents de la machoire d'en bas; elle avait aussi, dans ce crâne d'un homme encore jeune, comprimé et oblitéré entièrement les alvéoles, ce qui n'a ordinairement lieu que chez les individus très-âgés. Azara dit, dans son *Voyage de l'Amérique méridionale*, que les os des Indiens se convertissent plus promptement en terre que ceux des Européens (1). Cette assertion ne s'accorde pas avec le passage d'Oviedo rapporté par Southey (2), suivant lequel les épées des Espagnols ne pouvaient pas entamer les crânes des Indiens parce qu'ils étaient trop durs : peut-être ces deux opinions sont-elles également mal fondées.

Malgré mes précautions pour tenir secrète la fouille du tombeau, le bruit ne tarda pas à s'en répandre au quartel, et excita une grande rumeur parmi les sauvages; poussés par la curiosité mêlée à une horreur secrète, plusieurs vinrent à la porte de mon logement, et demandèrent à voir la tête; je l'avais cachée dans mon coffre, et je cherchais à l'envoyer le plus tôt pos-

---

(1) *History of Brasil*, tom. I, p. 630.
(2) Tom. II, p. 59.

sible à Villa de Belmonte. Cependant, comme je l'observai en cette occasion, les Botocoudys se montrèrent moins scandalisés de mon entreprise que ne l'avaient été les soldats du quartel, car quelques-uns de ceux-ci avaient refusé de m'aider à fouiller le tombeau.

Ayant terminé tout ce que j'avais à faire dans cet endroit intéressant, je retournai au port, et je m'y embarquai. La navigation en descendant le fleuve est très-prompte. On arrive en un jour à l'île Cachoeïrinha; nous franchîmes la cataracte de ce nom sans être obligés de changer la pirogue, et sans éprouver de grands obstacles. La pirogue, qui était très-grande, embarqua cependant beaucoup d'eau, lorsqu'en descendant du haut des rochers son avant plongea dans les vagues agitées par leur chute. Nous fûmes tous mouillés, et un petit Botocoudy que j'avais pris avec moi fut si alarmé qu'il versa des torrens de larmes. La pirogue glissa non moins heureusement sur toutes les cataractes.

Dans les environs du Lopa dos Mineïros, nous vîmes à la rive méridionale des Botocoudys occupés à tuer des poissons à coups de flèches. Celui qui était le plus près de nous fit aussitôt signe avec la main de l'aller chercher et de lui donner à manger. Voulant l'examiner de plus près, et échanger avec lui ses armes, je fis naviguer de son côté; mais poussé par son appétit il n'attendit pas notre arrivée ; il se précipita dans la rivière jusqu'au cou, et arriva moitié nageant, moitié passant à gué, et tenant ses armes en l'air, jusqu'à un rocher situé assez avant dans le fleuve où il s'arrêta, et nous donna des marques d'une impatience excessive. En approchant nous vîmes que c'était un homme grand et robuste, dont tous les gestes annonçaient la plus grande rudesse. Il ouvrait une bouche énorme, hurlant ces mots : *nuncut* (*à manger*), on lui jeta quelques poignées de farinha dans le gosier ; pendant qu'il les avalait avec une avidité extrême, un de nos gens qui parlait un peu la langue de ces sauvages sauta sur le rocher, prit les armes du Botocoudy et les apporta dans la pirogue par mesure de sûreté, nous disant que cet homme était si farouche, qu'il fallait se défier de lui ; en même temps il ficha un couteau dans la pointe de son aviron, et le tendit au sauvage qui parut content de cet échange ; puis nous nous laissâmes aller au courant de l'eau.

Le Botocoudy, dont la faim n'était pas encore apaisée, ne perdait pas l'espoir de rejoindre de nouveau notre pirogue; il courut long-temps après nous le long du rivage en criant, sauta de rocher en rocher, nagea, marcha dans l'eau; enfin voyant que nous étions trop éloignés pour qu'il pût nous rattrapper, il se retourna de mauvaise humeur, et rentra dans la forêt.

Un peu plus loin nous rencontrâmes deux autres sauvages qui nous parlèrent et nous demandèrent aussi à manger; mais n'ayant pas de temps à perdre, nous ne voulûmes pas nous arrêter pour faire la conversation avec eux. Le soir notre pirogue, en descendant le Cachoeïrinha, toucha contre les rochers, et y resta soudainement fixée. J'en étais sorti un peu auparavant et je gravissais à pied les rochers le long de la rive, parce que ne sachant pas nager je ne voulais pas m'exposer au danger d'un bain désagréable. Je me félicitai donc de ne contempler que de loin le choc qui renversa tout mon monde dans la pirogue; l'eau y était entrée, et le petit Botocoudy avait recommencé à pleurer à chaudes larmes; cet accident n'eut pas de suites fâcheuses, et avant le coucher du soleil nous arrivâmes heureusement au quartel dos Arcos.

J'y trouvai un de mes gens malade de la fièvre, ce qui m'o.. gea d'y rester quelques jours.. Je lui donnai de bon quinquina, il fut bien vite guéri. Ensuite, accompagné de quelques chasseurs, je me rendis à l'ilba do Chave, située à plusieurs legoas plus bas, et où, d'après ce que l'on nous avait dit, nous espérions trouver beaucoup de kamichis. En route nous avons tué quelques araras. Le rivage était orné d'un grand nombre d'arbrisseaux en fleurs; on remarquait surtout, dans les parties touffues de la forêt, le jeune feuillage couleur de rose du quatelé, et le petræa volubilis avec ses longues grappes de fleurs azurées.

Nous sommes arrivés fort tard, et par une pluie très-forte, à l'île qui était le but de notre excursion. A l'entrée de la nuit, la pluie diminua un peu, mais il n'y avait pas à compter sur un gîte sec et tranquille. Complétement mouillés, nous nous sommes réfugiés dans de vieilles cabanes de pêcheurs dépouillées depuis long-temps des feuilles qui les couvraient. Nous avons cherché avec des couvertures et des cuirs de bœufs, à nous mettre à l'abri de la pluie, et nous

avons allumé du feu pour nous chauffer et nous
sécher ; mais comme elle ne cessait pas de tomber, nous avons eu beaucoup de peine à le tenir allumé ; nous attendions avec impatience la
fin de la nuit qui nous parut bien longue.

Le lendemain matin j'envoyai tout de suite
une pirogue avec des hommes à la forêt pour y
couper du bois à brûler, et y ramasser des
feuilles de palmier, des perches et des lianes afin
de construire sur-le-champ une grande cabane.
Le temps fut un peu plus beau ; cependant des
ondées fréquentes interrompirent notre travail,
qui ne put être achevé que le lendemain.

J'étais dans cette île avec quatre de mes gens
et un Botocoudy nommé *Aho*, qui m'avait accompagné pour chasser. Deux hommes restaient
toujours à la cabane pour faire la garde et veil-
ler à la cuisine, les autres allaient en pirogue à
la forêt pour chasser.

Un jour le bateau venait de partir pour une
de ces excursions, lorsque j'entendis deux coups
de fusil et en même temps je vis revenir mes
chasseurs. Ils avaient vu sortir de l'eau les quatre
pattes d'un animal qu'ils prirent pour un pécari mort ; mais en approchant, ils aperçurent
un serpent colossal qui avait entouré un cabiai

de ses replis et l'avait tué. Ils tirèrent aussitôt deux coups de fusil au reptile, et le Botocoudy lui décocha une flèche au ventre. Ce ne fut qu'alors qu'il quitta sa proie, et malgré ses blessures s'enfuit avec vitesse, comme s'il ne lui était rien arrivé. Mes gens tirèrent de l'eau le cabiai qui était encore tout frais et vinrent m'annoncer cette nouvelle. Comme il était extrêmement important pour moi d'avoir ce serpent remarquable, je renvoyai aussitôt les chasseurs pour le chercher; toutes leurs peines furent inutiles. Le gros plomb avait perdu sa force dans l'eau; la flèche fut trouvée brisée sur le rivage où le serpent s'en était débarrassé par le frottement de son corps contre la terre. Ses blessures étant peu dangereuses, il s'était promptement éloigné à une distance si considérable, qu'à mon grand chagrin il fut impossible de le retrouver.

Ce reptile, que l'on nomme *sucuriuba* sur le Rio Belmonte, et *sucuriu* à Minas-Geraës, est le plus grand serpent du Brésil, du moins dans les cantons dont je viens de parler. Les naturalistes qui l'ont décrit ont commis des erreurs, et l'ont confondu avec d'autres. Daudin lui a donné le nom de *boa anacondo*. Il est répandu dans toute l'Amérique méridionale et parvient aux dimensions énormes de toutes les espèces de ce genre dans cette partie du monde. Toutes les dénominations qui ont rapport au séjour des boas dans l'eau s'appliquent à ce serpent ; car les autres espèces du genre ne vivent que sur terre. Le sucuriu ou sucuriuba au contraire est constamment dans l'eau, et par conséquent un amphibie dans toute l'acception du mot. Il n'a pas des couleurs brillantes; son dos est d'un olive noirâtre foncé, traversé dans toute sa longueur par deux lignes de taches noires, rondes, disposées par paires d'une manière assez régulière. Dans les lieux solitaires que l'homme ne fréquente pas, il parvient à une longueur de vingt à trente pieds, et même plus. Daudin, dans son histoire naturelle des reptiles, regarde comme habitant l'Afrique le serpent qu'il nomme le véritable *boa constrictor*; Mais cette espèce, si elle appartient aussi à l'Afrique, se trouve partout au Brésil; elle y est le boa le plus commun et connu partout sous le nom de *jiboya*.

Le Belmonte est le plus méridional des fleuves de la côte orientale dans lequel on trouve des sucuriubas; plus au nord on le rencontre partout. On a donné des descriptions fabuleuses des mœurs de ce reptile colossal ; et dans les ouvrages modernes on a copié ce que les anciens en avaient dit; ce que l'on raconte de son sommeil pendant l'hiver n'est pas assez positif. Il paraît cependant certain que dans la saison de la sécheresse il reste engourdi dans les flaques marécageuses des llanos (1) ; mais cet engourdissement n'a pas lieu au Brésil où les vallées boisées sont toujours abondantes en eau ; et où ces serpens vivent non dans des marais, mais dans de vastes lacs, des ravines, des rivières, des ruisseaux toujours humides, dont les bords sont incessamment rafraîchis par l'ombre épaisse des forêts antiques.

Le jour de la chasse malencontreuse au serpent, mes gens avaient tué plusieurs oiseaux intéressans ; entre autres un petit aigle brun-noirâtre non encore décrit, qui a une aigrette derrière la tête (2) ; des araras, et un grand hoco

____

(1) *Ansichten der Natur*, p. 5o et 34.

Tableaux de la Nature, tom. I, p. 44 et 49.

(2) *Falco Tyrannus* mâle : longueur, vingt-six pouces sept lignes ; plumes du derrière de la tête allongées, et redressées ; derrière de la tête et du cou, côté du cou et dessus du dos, couverts de plumes blanches à pointes noires, mais

mutum (*crax alector*, L.) qui fit grand bien à notre cuisine. L'aigle était sur le point de prendre un jupati (sarigue) lorsqu'il fut tué. Son air annonçait l'audace et le courage ; son œil était vif et ardent , et les longues plumes de sa tête l'embellissaient singulièrement.

Les pluies continuelles nous empêchant souvent d'aller à la chasse, et surtout de pouvoir convenablement épier les kamichis , je profitai de ce temps pour aller au quartel dos Arcos , où , pendant mon absence , il était arrivé une nouvelle horde de Botocoudys conduite par son chef Makiengieng, que les Portugais nommaient capitam *Gipakeiu* (le grand capitaine). Il était déjà tard quand , à peu de distance du destacament , j'aperçus deux tapirs sur un banc de sable. Me promettant une chasse heureuse j'avais envoyé mon Botocoudy Aho dans la forêt,

---

qui se recouvrent l'une l'autre, et cachent la couleur blanche; le reste du plumage brun-noir ; grandes plumes des couvertures de l'aile marquées de blanc ; plumes rectrices traversées de quelques bandes gris-brun , marbrées et foncées ; queue large et forte , traversée de bandes blanchâtres marbrées en gris-brun ; plumes des cuisses , dessous du corps et derrière d'un brun-noir avec des lignes transversales blanches, étroites ; pieds plumés jusqu'aux serres.

pour empêcher ces animaux de gagner leur repaire. Cette manœuvre eut un plein succès; ces
tapirs, voyant que la retraite leur était coupée,
se jetèrent à l'eau et cherchèrent à atteindre la
rive opposée, mais notre pirogue les y prévint.
Un des deux arriva sur l'île en revenant, et
aurait été blessé d'une flèche au côté par un de
mes Botocoudys, si la corde de l'arc de celui-ci
ne s'était pas cassée, ce qui donna au tapir le
temps de se sauver. L'autre reçut plusieurs
coups de fusil, il plongea long-temps, et enfin
montra de nouveau sa tête au-dessus de l'eau
pour respirer; mais notre plomb était trop menu
pour tirer de si loin avec succès; nous n'avions
pas de balles, et notre pirogue était trop lourde
pour avancer assez promptement à la rame. Il
ne faut tirer ces animaux que lorsqu'on aperçoit
leur museau au-dessus de l'eau près de la pirogue; alors on les vise à l'oreille. Le tapir
blessé perdit beaucoup de sang; cependant
il nous échappa, ce qui ne serait pas arrivé
si nous avions eu des chiens avec nous.
L'adresse et la légèreté du tapir à nager lui
sont très-utiles quand on le chasse. Quoiqu'il
ait six à sept pieds de long, et soit protégé par
une peau très-épaisse, les Portugais ne le tuent

pourtant qu'avec de la dragée et non avec des balles; mais ils se servent toujours de longs fusils auxquels ils mettent une charge très-forte de gros plomb, et aiment mieux tirer avec de la dragée douze à seize coups sur un tapir que de charger leur arme de balles.

Les Brésiliens ne se servent que de gros plomb pour la chasse de toutes sortes d'animaux, et de cette manière tuent également un jacutinga (*penelope*), un pécari, ou un tapir. On poursuit aussi ce dernier pour sa chair, et les chiens facilitent beaucoup cette chasse. On rencontre ordinairement le tapir, le matin et le soir, dans les rivières, où il se baigne volontiers pour se rafraîchir ; quand il est fortement blessé et déjà fatigué, les Brésiliens l'attaquent souvent à la nage avec le couteau à la main, et cherchent à l'en frapper. Ils suivent d'ailleurs l'usage de leur nation de porter constamment un stylet ou un couteau à la ceinture ; les ecclésiastiques même se conforment souvent à cette mode, qui donne lieu à beaucoup de meurtres.

La chasse au tapir nous avait tant retardé, que nous ne débarquâmes que bien avant dans la nuit au destacament. Le lendemain je fus éveillé de bonne heure par des Botocoudys nouvelle-

ment arrivés, qui étaient impatiens de connaître
l'étranger. Ils frappèrent bien fort à ma porte
jusqu'à ce qu'elle s'ouvrît, et m'accablèrent alors
de marques d'amitié. Le capitam Gipakeiu avait
conçu beaucoup d'affection pour moi, parce qu'on
lui avait dit que j'avais une grande estime pour
les Botocoudys, et que je brûlais d'impatience
de voir le grand chef. Il était de taille moyenne,
robuste et musculeux ; il avait de grandes plaques de bois aux oreilles et à la lèvre inférieure.
Son visage était peint de rouge depuis le haut jusqu'à la bouche , et une raie noire allait d'une de
ses oreilles à l'autre en passant sous le nez; tout
son corps conservait d'ailleurs sa couleur naturelle. Il montrait de la franchise et de bonnes dispositions envers les Portugais , et l'on n'avait pas
encore eu à se plaindre de lui. Quoique rien ne
le distinguât à l'extérieur des autres membres
de sa tribu , cependant ses compatriotes lui témoignaient beaucoup de respect, ce qui le rendait parfois très-utile aux Portugais.

On en vit un exemple la première fois qu'ils
se rapprochèrent amicalement des Botocoudys.
Un autre chef arriva au quartel et demanda
brusquement une grande quantité d'ustenciles
de fer. Le destacament n'ayant en ce moment

qu'une faible garnison et étant d'ailleurs entouré de beaucoup de sauvages, on fut obligé de satisfaire à sa demande. Bientôt arrive le capitam Gipakeiu ; on lui porte des plaintes de ce qui s'est passé ; il court dans la forêt, et force l'autre chef à rendre plusieurs des outils qu'on lui avait donnés. Il me pressa plusieurs fois contre son sein, à la manière des Portugais ; et notre entretien fut très-singulier , car nous ne nous comprenions pas mutuellement. Cependant le capitam ne tarda pas à me faire entendre qu'il avait grand appétit, et qu'il attendait de moi les moyens de l'apaiser ; c'est toujours pour eux l'affaire la plus pressante de satisfaire leur faim désordonnée. Je lui donnai de la farinha et encore autre chose qui lui fit grand plaisir; alors il envoya chercher à sa cabane, dans la forêt, quelques objets pour les échanger avec moi ; je remarquai dans le nombre un petit porte-voix ou countchoun-cocann (1) fait de l'enveloppe de la queue du grand tatou (2). Il

---

(1) Les Cocoados déjà plus civilisés qui habitent Minas-Geraës se servent d'une corne de bœuf. (*Journal van Brasilien* , cahier 1.)

(2) *Essai sur l'histoire naturelle des quadrupèdes du Paraguay* , par Azara , tom. II , p. 152.

sert aux sauvages pour s'appeler les uns les autres dans les forêts.

Sur la rive septentrionale du fleuve, vis-à-vis
le quartel, était situé un champ de bananiers,
cultivé par des Botocoudys ; on y voyait quelques cabanes abandonnées, où ils avaient enterré deux femmes. A l'arrivée du capitam,
ces huttes furent brûlées, parce qu'ils ne demeurent plus dans celles où est le tombeau d'un
mort. On en éleva plusieurs nouvelles tout près
de là, et bientôt la plus grande activité régna
dans la forêt, car les nouveaux venus s'y établirent
de même que sur les bords du fleuve. On voyait
une foule de jeunes gens occupés les uns à se
baigner dans les eaux, les autres à fabriquer
des arcs et des flèches ; à cueillir les fruits des
arbres, à tuer les poissons à coup de flèches, etc.
La forêt était remplie d'hommes qui s'appelaient
les uns les autres, ramassaient du bois, enfin travaillaient de toutes les manières. On avait sous
les yeux l'image d'une république de sauvages
qui se forme, et l'on observait avec plaisir l'activité qu'ils montraient tous.

Le capitam Gipakeiu était venu avec ses
gens au quartel, chacun portait deux longues
perches ; ce qui signifiait qu'ils demandaient

à voir leur compatriote Jucakemet, qu'ils croyaient dans ce poste; mais, ainsi que je l'ai dit plus haut, il changeait alternativement entre ce lieu et Salto. Gipakeiu resta quelques jours avec son monde dans le voisinage du quartel, et ensuite s'enfonça dans les forêts de la rive septentrionale pour y cueillir les fruits mûrs. C'est la coutume de tous les sauvages; ils connaissent l'époque de la maturité de chaque espèce de fruit, et il n'est pas possible de les retenir quand elle approche. C'était en ce moment celle des lianes ou cipos qu'ils nomment atcha (1). Ils font des paquets de sarmens verts de ce végétal, et les emportent dans leurs cabanes, où il les font rôtir et les mangent; ces sarmens contiennent une moelle très-nourrissante, qui a le goût de la pomme-de-terre.

Ayant, comme je le désirais, fait la connaissance des Botocoudys arrivés au quartel, je retournai à l'ilha do Chave, où mes gens m'attendaient. Ils avaient aperçu des cerfs sur une petite île voisine, couverte de halliers épais, et séparée du continent par un canal étroit et peu

---

(1) C'est vraisemblablement une espèce de begonia : elle grimpe autour des arbres.

profond. Ils tuèrent un de ces animaux ; c'est celui qui a été décrit par Azara sous le nom de *guazoupita* (1) ; c'est le plus commun au Brésil, où on le trouve partout. La chair de cet animal ne vaut pas celle de notre chevreuil d'Europe; elle est peu savoureuse, très-maigre, sèche, et si filandreuse qu'on peut à peine la comparer à celle d'une vieille vache; mais comme dans ces solitudes le choix des mets est extrêmement borné, tout animal mangeable nous faisait plaisir.

Nous passâmes encore quelques semaines sur cette île, malgré la pluie continuelle. Je fus dédommagé de cet inconvénient par divers objets curieux dont mes chasseurs enrichirent mes collections. Une grande chouette faisait régulièrement entendre sa voix forte le matin et le soir. Après bien des tentatives inutiles nous parvînmes à l'avoir. Elle paraît appartenir à une espèce non encore décrite (2) ; nous eûmes aussi

------

(1) *Histoire naturelle des quadrupèdes du Paraguay*, tom. I, p. 82.

(2) *Strix pulsatrix*, nommée ainsi à cause de sa voix qui ressemble au bruit produit par le frappement d'un batail de cloche. Longueur du mâle, dix-sept pouces quatre lignes ; largeur, quatre pouces neuf lignes; plumage en grande partie

le grand engoulevent blanchâtre mêlé, dont le sifflement aigu retentissait au loin dans les sombres solitudes de ces forêts, et d'autres beaux oiseaux, notamment le colibri noir à queue blanche, non encore décrit (1). On avait aussi tué plusieurs gros kamichis; c'est dans ce canton que ces oiseaux font leur principale demeure; presque tous les jours nous entendions leur voix forte; à cette musique singulière mes chasseurs prenaient aussitôt les armes.

Le 25 septembre je quittai l'île, et je retournai au quartel avec tout mon monde. En chemin je rencontrai une troupe de Botocoudys couchés autour de leur feu; ils étaient de la horde du

---

d'une jolie couleur gris clair brun rougeâtre; tache blanche à la gorge; plumes scapulaires marbrées agréablement en couleur plus foncée, de même que les ailes et la queue; plumes rectrices traversées par des bandes plus claires et plus foncées; toutes les parties inférieures jaune clair, passant au jaune rougeâtre sur la poitrine et le ventre.

(1) *Trochilus ater*. Nouvelle espèce de colibri dont le plumage n'a rien d'agréable : longueur du mâle cinq pouces; bec très-peu courbé; corps presque noir, bleu d'acier et vert cuivré, brillant en quelques endroits; côtés dessous les ailes', derrière et queue blanche; extrémité des plumes de la queue terminée par une bordure violette; plumes du milieu vert et bleu foncé chatoyant.

capitam Gipakeiu, avaient passé à gué le fleuve dans cet endroit où il est peu profond, et contre leur coutume s'étaient arrêtés à la rive septentrionale. Plusieurs de leurs jeunes gens sautèrent dans notre pirogue pour nous accompagner au destacament. Nous venions d'y arriver quand il y entra une autre troupe de sauvages de la rive méridionale. C'était la horde du capitam Jéparack que je n'avais pas encore vue. C'était un singulier spectacle de voir tous ces hommes bruns, tenant leurs arcs et leurs flèches en l'air, traverser le fleuve à gué; le bruit occasionné par leur marche dans l'eau pouvait s'entendre de loin. Tous portaient sur l'épaule un paquet de perches longues de six à huit pieds, pour se battre avec les capitams June et Gipakeiu et avec leurs hordes; mais ce dernier s'était enfoncé dans la profondeur des forêts, et June avec son monde avait quitté le quartel. Les sauvages coururent avec empressement dans toutes les chambres du quartel pour chercher leurs rivaux; n'y trouvant personne ils laissèrent leurs perches au quartel pour marquer le but de leur visite, et le soir ils s'en allèrent. Le lendemain pourtant ils entretinrent une communication continuelle entre les deux rives conformément à leur usage quand le fleuve est bas.

Le 28 le capitam Jéparack revint au quartel avec sa troupe, tous avaient encore de longues perches de combat; ils demandèrent le capitam Gipakeiu qui était encore absent. Mais comme ils ne s'éloignèrent pas du voisinage ils trouvèrent enfin l'occasion de satisfaire leur désir de se battre. Le capitam June avec ses trois fils et le reste de son monde, tenant le parti du capitam Gipakeiu, avait accepté le défi.

Un dimanche matin, par un temps clair et serein, tous les Botocoudys du quartel, ayant le visage peint de rouge et de noir, sortirent et passèrent à gué à la rive septentrionale du fleuve; chacun avait sur l'épaule un paquet de bâtons. Bientôt on vit sortir le capitam June et sa troupe de la forêt où une quantité de femmes et d'enfans s'étaient réfugiés dans de grandes cabanes. La nouvelle du combat qui allait avoir lieu s'étant répandue, une foule de spectateurs, parmi lesquels se trouvaient les soldats du quartel, un prêtre de Minas, et plusieurs étrangers dont je faisais partie, se transporta au lieu du combat. Chacun de nous avait par précaution un pistolet ou un couteau sous son habit, dans le cas où les armes des combattans se tourneraient contre nous. Arrivés à l'autre rive du fleuve, nous trouvâmes tous les sauvages debout et serrés en masse; nous formâmes un cercle tout à l'entour.

Le combat commença aussitôt. Les guerriers des deux partis se firent d'abord des défis mutuels d'une voix rauque et en peu de mots, tournèrent de côté et d'autres comme des chiens enragés, et préparèrent leurs bâtons. Ensuite le capitam Jéparack s'avança, passa et repassa au milieu de ses hommes, regarda devant lui les yeux bien ouverts et fixes et d'un air sérieux, puis d'une voix tremblante entonna une longue chanson qui avait probablement rapport à l'offense qu'il avait reçue. Les partis opposés s'étant ainsi échauffés de plus en plus, on vit un homme de chaque côté s'élancer tout à coup l'un contre l'autre, se frapper mutuellement la poitrine avec les bras, et si fort qu'ils chancelèrent en arrière, puis prendre leurs bâtons. L'un frappa son adversaire de toutes ses forces sans examiner où ses coups portaient; celui-ci soutint tranquillement et gravement cette première attaque, sans changer de contenance, ensuite il frappa à son tour, et tous deux con-

muèrent à se donner des coups si violens que
l'on en vit long-temps après des marques sur
leurs corps nus qui étaient couverts d'enflures.
Comme il restait souvent aux bâtons des chi-
cots pointus provenans de la branche de l'arbre dont on les avait coupés, plusieurs sauvages n'en furent pas quittes pour des cicatrices ; le sang leur ruisselait de la tête. Quand
deux antagonistes s'étaient ainsi complétement
rossés, deux autres prenaient leur place ; quelquefois plusieurs couples se battaient à la fois ;
jamais ils ne se saisissaient avec les mains.
Quand les combats singuliers eurent duré un
certain temps, les sauvages recommencèrent à
se défier les uns les autres d'un air réfléchi, l'en-
thousiasme héroïque les saisit de nouveau, et les
bâtons recommencèrent à jouer. Les femmes de
leur côté montraient une humeur non moins
chevaleresque, c'était avec des hurlemens et
des pleurs continuels qu'elles se prenaient aux
cheveux, se donnaient des coups de poing, s'é-
gratignaient, s'arrachaient mutuellement des
lèvres et des oreilles les plaques de bois, qui cou-
vrirent le champ de bataille comme autant de tro-
phées. Si l'une jetait sa rivale à terre, une troisième venait derrière elle, lui empoignait la

jambe et la terrassait à son tour, et ainsi étendues elles se tiraillaient à qui mieux mieux.
Les hommes ne s'abaissaient pas au point de
frapper les femmes du parti opposé, ils se contentaient de les pousser avec le bout de leur
bâton, ou bien leur appliquant le pied contre
les côtes, ils les faisaient rouler bien loin. On
entendait enfin des cris et des lamentations sortir des cabanes ou étaient les femmes et les enfans, ce qui ajoutait à l'effet de ce spectacle extraordinaire. Le combat dura à peu près une
heure ; quand tout le monde parut fatigué,
quelques sauvages firent parade de courage et de
constance en s'adressant de nouveaux défis. Le
capitam Jéparack tint bon jusqu'au bout, comme
chef du parti offensé ; tout le monde paraissait
épuisé et abattu, lui seul ne montrait aucune
disposition à faire la paix, il continuait son chant
de guerre et encourageait ses gens au combat ;
enfin nous sommes allés à lui, nous lui avons
frappé sur l'épaule, en lui disant qu'il était un
brave guerrier, mais qu'il était temps de faire
la paix. Aussitôt il quitta brusquement le champ
de bataille, traversa le fleuve et courut au quartel.

Le capitam June n'avait pas montré autant
d'énergie : comme il était âgé, il n'avait pas pris

part au combat, et s'était toujours tenu en arrière. A notre tour nous avons tous quitté le
lieu de l'action parsemé de bâtons cassés et de
plaques d'oreilles, et nous sommes retournés au
quartel. Nous y avons trouvé nos anciens amis
Jukerecke, Aho, Medcann et d'autres, couverts de contusions douloureuses ; mais leur
contenance montrait jusqu'à quel point l'homme
peut s'endurcir contre la peine, car aucun d'eux
n'avait l'air de faire la moindre attention à ses
meurtrissures ; ils s'assirent aussitôt sur leurs
balafres en partie ouvertes, et mangèrent avec
plaisir la farinha que le commandant leur donna.

Durant le combat, les arcs et les flèches des
sauvages étaient restés appuyés contre les arbres
voisins, et personne n'y avait touché ; on dit
pourtant que dans des circonstances semblables
on en vient quelquefois des bâtons aux armes,
c'est pourquoi les Portugais n'aiment pas beaucoup que ces batteries aient lieu dans leur voisinage. Je n'appris que plus tard la cause du
combat dont nous avions été spectateurs. Le capitam June avait avec son monde chassé et tué
des pécaris dans la réserve du Juparack ; celui-ci regarda cette conduite comme une offense
grave, car les Botocoudys respectent plus ou

moins les limites d'une réserve de chasse et ne les franchissent pas volontiers : des insultes de ce genre causent ordinairement leurs querelles et leurs guerres. Un seul combat singulier, semblable à celui que je viens de raconter, s'était donné peu de temps auparavant dans le voisinage du destacament dos Arcos. Ce fut donc un heureux hasard pour moi de pouvoir, durant mon séjour à ce quartel, être témoin de ce spectacle, car il arrive rarement aux voyageurs d'avoir l'occasion d'y assister : comme il est intéressant pour bien connaître le caractère des sauvages, je me félicitai de l'avoir vu. Peu de temps après mon départ du quartel, il s'y livra un combat plus sérieux, qui fut occasionné par le retour du capitam Gipakeiu, allié de June.

Différentes affaires m'obligeant de retourner sur les bords du Mucuri, je quittai l'île Cachoeïrinha vers la fin de septembre, et je m'embarquai pour Villa de Belmonte. Nous naviguâmes d'abord un peu lentement parce que l'eau était fort basse, mais la chasse et la contemplation des singularités de la nature jetèrent de la variété et de l'agrément sur notre voyage. Les rives du fleuve étant découvertes, j'y remarquai

des trous creusés par le cachimbo ou cachim-
bao, nommé *acari* le long de l'Ilheos, et *Jua-
cani* par Marcgraf qui l'observa près de Pernambouc : c'est le *loricaria plecostomus* de
Linné. C'est dans ces trous creusés le long du
bord que ce poisson se réfugie pour se reposer
à l'époque des hautes eaux, lorsqu'il veut se
mettre à l'abri de la force du courant. Les pêcheurs prétendent qu'il frappe de sa tête contre
les fonds des pirogues, quand il est occupé à
manger la vase et les plantes aquatiques qui s'y
amassent.

Le printemps avait déjà commencé, et nous
entendions fréquemment retentir dans les forêts la voix sourde du hoco mutum (*crax alector*, L.), qui, en s'étendant au loin dans ces
bois solitaires, facilite beaucoup la chasse de
ce grand et bel oiseau. Il se montre principalement à l'époque où les rivières se gonflent.

Nous avons passé deux nuits sur les corroas
au milieu du fleuve, ce qui nous procura
l'occasion de tuer plusieurs araras et d'autres
beaux oiseaux. Sur un de ces bans, dans le voisinage de l'embouchure de l'Obu, nous avons
trouvé beaucoup de singes macacos ou micos,
parmi lesquels une espèce se distingue par sa

poitrine jaune : on la nomme ici *macaco di bando* (1).

Le 28 septembre j'entrai à Villa de Belmonte; aussitôt je fis les préparatifs de mon voyage au Mucuri ; je me mis en route par un très-mauvais temps, et j'eus beaucoup de difficultés à combattre. Je fus obligé de traverser à cheval le Corumbao et le Cahy, qui étaient extrêmement gonflés, et ensuite de continuer tout mouillé ma course le long de la côte. Des Portugais que je rencontrai me racontèrent qu'ils avaient vu des Patachos sur les bords du Cahy, mais de l'autre côté. Nous n'aperçûmes pas du tout ces sauvages, et dans les circonstances actuelles, au milieu de ces déserts écartés, j'en fus très-content. Après bien des fatigues, cependant sans avoir éprouvé d'accident considérable, j'arrivai à Caravellas et à Mucuri, où je passai trois semaines avec MM. Freyreiss et Sellow, ensuite je retournai à Belmonte.

---

(1) *Cebus Xanthosternos*, espèce nouvelle : membres forts, d'un noir brun ; queue prenante, grosse tête, barbe noire brune ; corps brunâtre, poitrine et dessous du cou jaunâtres ; longueur totale, trente-deux pouces huit lignes, dont dix-sept pouces sept lignes pour la queue.

Dans ce voyage je fis connaissance sur le Rio-do-Prado ou Sucurucu avec les Machacalis, dont j'ai déjà souvent parlé. Quittant la fazenda où, dans le mois de juillet précédent, j'avais cherché vainement les Patachos, je remontai le fleuve. On distinguait parfaitement le long de ses bords les différentes couches de sable, et j'observai qu'à dix pieds au-dessous de la superficie du sol une quantité considérable d'eau sortait d'entre les couches, et se joignait à celle du fleuve. On peut facilement expliquer par ces grands amas d'eau intérieurs la crue rapide des rivières dans ces pays équatoriaux à l'époque des pluies ; nous étions alors en novembre, temps où elles sont le plus fortes dans ce pays et où tous les lacs sont pleins.

En remontant le fleuve on rencontre sur ses bords des points de vue très-pittoresques ; on peut surtout mettre de ce nombre le canton nommé *Oiteiro* (l'éminence), et situé à la rive gauche ; des collines ondoyantes et ombragées de cocotiers y sont couvertes de fazendas, toutes dans des sites charmans.

Le retour de l'été parait les bords du fleuve de belles fleurs, de toutes sortes d'arbres et d'arbrisseaux ; on y admirait le vismia, dont le dessous des feuilles est soyeux et d'un roux éclatant ; le rhexia à grandes fleurs violettes ; des mélastomes à feuilles d'un blanc argenté en dessous ; les bignonias , qui de leurs tiges sarmenteuses garnies de belles fleurs ornaient les buissons ; du milieu de ces groupes de verdure s'élançait le genipayer avec ses grandes fleurs blanches.

La couleur naturellement foncée des forêts du Brésil était animée en ce moment par les jeunes pousses jaunes verdâtres ou rouges du branchage. Les buissons procuraient une ombre épaisse très-agréable dans la grande chaleur; mais les troupes innombrables de moustiques qu'elle attirait la rendaient insupportable aux voyageurs. Une amaryllis à étamines pourprées croissait presque au bord de l'eau, dont la couleur était noircie par celle des ruisseaux sortis des forêts, des marécages et des montagnes; sa surface formait une véritable chambre obscure qui répétait d'une manière admirable l'image des arbrisseaux avec leurs fleurs. Cette surface offrait aussi des masses flottantes de pontederia, sur lesquels se promenaient des jacanas dont la voix , semblable au rire de l'homme , annonçait au loin la présence.

J'arrivai à un endroit où l'on construisait un lancha. Les ouvriers nous dirent que les forêts du Sucurucu ne contenaient plus beaucoup de bois de construction. On y trouve encore de gros arbres propres à faire des pirogues, mais on peut employer aussi à cet usage des bois plus mous.

On aperçoit le long du rivage de petits enfoncemens remplis de roseaux, de joncs et d'herbes, et que l'on avait fermés avec des tiges de roseaux pour y prendre du poisson. A cet effet on ouvre cette haie lorsque la marée monte, afin que le poisson y entre; ensuite on la ferme, et lorsque l'eau se retire le poisson se trouve pris. Le soir ma navigation fut extrêmement agréable; les cigales et les grillons ayant cessé de se faire entendre, le silence de la vaste solitude qui m'entourait ne fut plus troublé que par la voix singulière de la raine, qui imite le bruit d'un marteau (1), par le sifflement lugubre du mandalua (*caprimulgus grandis*), et par les cris plaintifs des chouettes. J'arrivai

____

(1) Cette grenouille est probablement la même que l'on nomme *sapo marinhero* à Viçoza et ailleurs.

assez avant dans la nuit au destacament de Vi-
mieyro, où la maison et les plantations de M. Balangueira, juiz de Villa-do-Prado, sont situées
sur un coteau qui se prolonge le long du fleuve.
M. Balangueira était absent, mais il avait laissé
des ordres pour que je fusse bien reçu, et ils
furent suivis ponctuellement. J'entendis retentir dans le voisinage les instrumens au son desquels dansaient les Indiens : ils habitent autour
de ce quartel au nombre d'une dizaine de
familles.

La clarté du jour me fit apercevoir un beau
paysage du genre agreste. Aussi loin que la vue
pouvait atteindre on ne découvrait que des
cimes d'arbres d'un vert sombre, qui, serrées les
unes contre les autres, forment une solitude
impénétrable et d'une étendue immense ; les
Patachos et les Machacalis s'en partagent la sou-
veraineté avec les jaguars et les couguars. Deux
espaces aplatis, au milieu desquels s'élève une
colline, indiquent les endroits où coulent les
deux bras du Sucurucu ou Rio-do-Prado, l'un
venant du nord, l'autre du sud ; le premier
s'appelle en conséquence *Rio-do-Norte*, le second *Rio-do-Sul*. On distingue dans le lointain
les serras de Joào, de Leào et de San-André,

qui appartiennent à la serra dos Aymorès , chaîne de montagnes éloignée à peu près de quatre lieues de la côte , et à peu de distance des cataractes du fleuve, où l'on dit que la chasse et la pêche sont très-abondantes. Le Sucurucu di-minue très-promptement de grosseur quand on le remonte vers ses sources , ce qui prouve que son cours n'est pas d'une longueur considérable. A peu de distance de l'endroit où je me trouvais, les deux branches se réunissent pour former le fleuve , et au-dessus cessent tous les établisse-mens européens ; car l'on n'en trouve aucun sur le Rio-do-Norte , et qu'un seul sur le Rio-do-Sul, immédiatement au-dessus de la jonction des deux bras.

Après avoir long-temps joui de la perspec-tive agreste que j'avais sous les yeux , je me rendis sur le bord du fleuve aux cabanes des Indiens. Je trouvai parmi eux une femme de la tribu des Machacalis , qui , ce que l'on voit très-rarement, parlait parfaitement la langue des Patachos ; ceux-ci étant les plus défians et les plus circonspects des sauvages , il est très-diffi-cile à quelqu'un qui n'est pas de leur tribu d'ap-prendre leur langue. L'aldea ou village des Machacalis est un peu plus loin dans la forêt ;

on m'en avait souvent parlé : il ne s'y trouve plus que quatre familles de ces Indiens réunies dans la même maison. Très-empressé de connaître aussi cette horde, j'allai à l'aldea avec quelques Indiens. Le chemin était très-incommode, car nous fûmes pendant une demi-lieue obligés de marcher dans les marais et dans l'eau, et de grimper par-dessus des arbres renversés.

Tous les Indiens habitaient ensemble dans une maison assez vaste : ils y demeurent depuis une dizaine d'années, et sont passablement civilisés. Les uns se montrèrent doux et d'un accès facile, d'autres au contraire farouches et soupçonneux ; quelques-uns parlent un peu le portugais, mais entre eux ils ne se servent que de leur langue maternelle. Ils cultivent du manioc, du maïs et du coton pour leurs besoins. L'ouvidor leur a donné un moulin pour couper les racines de manioc. D'après l'usage antique de leur tribu, ils se procurent une grande partie de leur subsistance par la chasse. L'arc et les flèches sont encore leurs armes ordinaires ; quelques-uns savent aussi manier très-adroitement le fusil. Les arcs des Machacalis diffèrent un peu de ceux des autres tribus ; ils offrent une longue rainure dans laquelle, avant de tirer une flèche, ils en mettent une autre ; de sorte qu'ils en ont une seconde toute prête, sans être, comme les autres Indiens, obligés de la ramasser à terre (1). Je vis dans cet endroit un très-grand et bel arc de pao d'arco, pourvu à sa partie supérieure d'un crochet qui est très-utile pour attacher la corde. Les arcs et les flèches de cette tribu sont façonnés avec beaucoup de soin ; la pointe des flèches est garnie de bois dur, et la hampe se prolonge en bas au-delà des plumes. Au reste ils ont, de même que toutes les tribus de la côte orientale, trois espèces de flèches que j'ai décrites en parlant des Pourys.

Les Machacalis ont les mêmes sacs tressés

(1) La partie supérieure du Rio-Belmonte dans Minas Novas renferme une île, Ilha-do-Pâo (île du pain), où les Machacalis, les Panhamis et d'autres tribus réunies se sont fixées, et ont établi des plantations. Les armes des Machacalis que j'ai reçues de cet endroit sont absolument les mêmes que celles de cette tribu, qui demeure sur le Sucurucu. J'ai aussi trouvé chez les Botocoudys de ces arcs et de ces flèches des Machacalis.

que j'avais vus aux Patachos, auxquels ils ressemblent d'ailleurs à beaucoup d'égards, notamment par la structure du corps; ils sont un peu plus gros que les Botocoudys, et généralement grands, robustes et carrés. Ils défigurent peu leur corps ; ils nouent comme les Patachos leurs parties sexuelles avec un liane. La plupart se percent un petit trou à la lèvre inférieure, et y passent une petite baguette de roseau; ils se coupent les cheveux en rond au-dessus de la nuque ; quelqués-uns se rasent la tête comme les Patachos : on dit qu'ils construisent leurs cabanes de la même manière. D'ailleurs ces deux tribus diffèrent beaucoup par la langue, ainsi qu'on le verra par les exemples que je citerai à la fin de ma relation. Elles font cause commune contre les Botocoudys plus nombreux, mais souvent elles ont entre elles des disputes et même des guerres. J'échangeai avec ces Machacalis des couteaux contre des armes ; ils me régalèrent de caouy, breuvage favori de tous les Indiens, qui, de même que tous les peuples sauvages, aiment beaucoup les boissons fortes. Les Brésiliens s'en procurent en faisant fermenter la racine du manioc ; les Guaranys la

remplacent par le suc du palmier mauritia (1) ;
les insulaires du Grand-Océan par l'ava ; les
Kalmouks par le koumis, etc.

La maison des Machacalis est située dans une
véritable solitude ; on y entend tout près de
soi les voix des singes et d'autres animaux sauvages ; ces Indiens ont abattu le bois tout autour d'eux, l'ont brûlé, puis ont cultivé cet
espace. Après un court séjour au milieu d'eux
je me suis rembarqué sur le Sucurucu.

Durant les grandes chaleurs du milieu du
jour je me promenais dans les sentiers ombragés de la forêt qui conduisent aux habitations
des Indiens éparses le long du fleuve. Plusieurs
de ces Indiens côtiers travaillent chez les planteurs portugais moyennant un salaire, et de
plus cultivent leurs propres champs ; d'autres,
notamment les jeunes gens, s'embarquent comme
matelots sur les lanchas de la villa.

Ce canton offre aussi des points de vue charmans. On désirerait qu'ils fussent reproduits

---

(1) *Ansichten der Natur*, pag. 27.
Tableau de la nature, p. 40.

par le pinceau d'un peintre distingué, afin de s'en rappeler plus vivement le souvenir. Je vis un vieux tronc d'arbre qui, penché au-dessus du fleuve, offrait une véritable collection de botanique. A son extrémité croissaient le *cactus pendulus* et le *phyllanthus*, dont les branches pendaient comme des cordes ; au milieu c'étaient des caladium et des tillandsia, qui s'élevaient du milieu des mousses ; à sa base serpentaient des fougères et d'autres plantes. Les branches de cet arbre singulier étaient toutes couvertes de nids de guach (*oriolus haemorrhous*, L.), qui, de même que tous les cassiques, niche toujours en compagnie. Ces nids sont en forme de poche. C'est ainsi que partout, et sous les formes les plus variées, la vie répand son activité dans les climats équatoriaux.

Un grand nombre de ruisseaux ombragés viennent dans ce canton apporter leurs eaux au fleuve ; on rencontre fréquemment sur leurs bords l'aninga (*arum liniferum*, Arruda): sa tige conique, épaisse par le bas, menue au sommet, s'élève jusqu'à six et huit pieds. On voit ici plusieurs fazendas près desquelles on a défriché la forêt, et où l'on élève un peu de bétail. L'on a aussi planté beaucoup d'orangers près des maisons.

Surpris par un orage très-violent, je retournai à la villa; puis je continuai mon voyage à Comechatiba. La mer avait récemment jeté sur la côte dans les environs un grand canot où se trouvaient six hommes noyés; preuve nouvelle que ces parages sont dangereux pour les navigateurs. L'on n'en a pas de carte bien faite, et l'on n'emploie pour le cabotage que des bâtimens légers. C'est pourquoi l'on ne saurait être trop reconnaissant envers le monarque qui fait relever en ce moment et déterminer avec exactitude toute cette côte, et rend par là un service signalé à son pays.

M. Charles Frazer me reçut de la manière la plus amicale à sa fazenda de Calédonia; j'y trouvai à ma grande satisfaction des gazettes d'Europe.

Etant arrivé sur les bords du Corumboa au temps du reflux, je fus obligé d'y passer une nuit fort triste, et qui me parut bien longue. Il plut continuellement; il n'y avait pas moyen de songer à construire une cabane, car nous n'avions ni branchages ni feuillages ; nous eûmes beaucoup de peine à entretenir un feu bien faible. Le lendemain matin nous nous mîmes à chercher des crabes ciris qui sont très-communs dans la rivière et dans le lac voisin. On rencontre ici deux espèces de ces crustacés, l'une qui vit dans la mer, l'autre dans les rivières. Ayant pêché une grande méduse (*medusa pelagica,* Bosc.) que la mer ballotait, nous avons tiré de son estomac un petit crabe blanchâtre qui était encore en vie.

J'observai une grande quantité d'urubus, qui souvent se perchaient tous ensemble sur le même arbre; des compagnies de mouettes volaient en criant autour de l'embouchure du fleuve, et le balbuzard (*falco haliœtus,* L.) planait au-dessus de la mer en guettant avidement les poissons. J'avais souvent vu ce bel oiseau de proie, mais il avait toujours été trop fin pour mes chasseurs. A mon arrivée à Belmonte je le trouvai dans les collections que mes gens avaient faites pendant mon absence. Il ressemble en tout au balbuzard d'Europe, et semble, de même que quelques autres oiseaux, concourir à réfuter l'opinion qu'aucun animal du nouveau monde n'a rien de commun avec ceux de l'ancien.

Le 28 décembre je rentrai à Villa de Belmonte, où je fis mes préparatifs pour continuer mon voyage au nord le long de la côte. Mes collections d'histoire naturelle avaient pendant trois mois et demi de séjour à Belmonte été augmentées d'objets très-intéressans recueillis soit dans le sertam plus haut sur le fleuve, soit le long d'un grand lac qui est voisin de la villa et qui porte le nom de *braço* (*bras*), probablement à cause de sa longueur, qui est de plusieurs lieues ; car sa largeur est en comparaison peu considérable. On y rencontre une grande quantité d'oiseaux aquatiques, surtout des canards, des harles, des mouettes, des hérons, des jabirus ou touyouyous, des vanneaux, etc. Mes chasseurs n'y manquaient pas de gibier frais, tandis qu'à la villa l'on souffrait de la faim. Ce lac abonde aussi en poissons, et les habitans des environs s'occupent beaucoup de la pêche; il est entouré de pâturages qui ont cinq lieues d'étendue, et où l'on nourrit beaucoup de bétail. On y comptait d'abord plusieurs milliers de têtes, mais ce nombre a beaucoup diminué. Un gros jaguar qui rôdait dans les environs avait causé de grands ravages parmi les troupeaux : il se contentait de sucer le sang des bœufs sans toucher à leur chair. L'apparition de cette bête féroce avait d'ailleurs rendu la chasse très-difficile, et l'on manquait de chiens propres à l'aller relancer dans son repaire. Cependant le jaguar tuait toutes les nuits un ou deux bœufs, et l'on restait tranquille spectateur de ce dégât.

CHAPITRE XII.

NOTICE SUR LES BOTOCOUDYS.

PARMI les tribus des habitans indigènes du Brésil, il en existe encore plusieurs dont on connaît à peine le nom en Europe. Depuis la côte orientale jusqu'aux montagnes de Minas-Géraës, dans la vaste étendue de forêts comprise entre Rio-do-Janeiro et Bahia de Todos os Santos ou entre les 13 et les 23 degrés de latitude australe, vivent diverses tribus errantes de ces peuples sauvages sur lesquelles nous n'avons su jusqu'à présent que peu de chose.

Les Botocoudys se distinguent surtout parmi ces dernières par des différences très-caractéristiques. Aucun voyageur n'a encore donné des détails exacts sur cette tribu. Blumenbach en a fait mention dans son traité *De generis humani varietate nativâ* ; Mawe en parle aussi,

mais sommairement (1). Jadis on les connais-
sait sous les noms suivans : *Aymorès*, *Aimbo-
rès* ou *Ambourés*. Mawe se borne à indiquer
sur sa petite carte le pays qu'ils habitent par
ces mots : *demeure des Indiens anthropophages*. Comme les habitans de la province de
Minas-Geraës, dans laquelle il demeura, étaient
en état d'hostilité avec les Botocoudys, il n'a pas
pu observer ces sauvages, ni en donner une
notice exacte et détaillée.

Autrefois les Botocoudys étaient extrêmement
redoutables pour les établissemens portugais,
encore faibles ; mais dans les temps modernes,
on les a attaqués avec vigueur, et on les a re-
poussés dans leurs forêts. *L'history of Brazil* de
Southey et la *Corographia brasilica* racontent
les dévastations commises par ces sauvages à
diverses époques et dans différens endroits, surtout à Porto-Seguro, à San-Amaro, à Ilheos, etc.
Il n'existe plus qu'un reste des Aymorès qui ha-
bitèrent jadis sur les bords du Rio-dos-Ilheos ;
ce sont quelques vieillards qui sous le nom de
Ghérins vivent sur les bords de l'Itahypé ou
Taïpé. Cependant le nom d'Aymorès ou Boto-

---

(1) P., 71, tom. I, pag. 338.

coudys réveille toujours chez les colons européens des sentimens d'horreur et d'épouvante ,
parce que ces sauvages passent généralement
pour anthropophages. Ils doivent le nom de Botocoudys aux grosses plaques de bois dont ils
remplissent les trous qui défigurent leurs oreilles
et leur bouche; car *botoque* signifie en Portugais le tampon d'une barique. Le nom qu'ils se
donnent à eux-mêmes est *Engerecmoung*, celui de Botocoudys leur déplaît beaucoup. Quoiqu'ils aient été chassés de la côte maritime ,
il leur restait encore une vaste étendue de forêts impénétrables qui leur formait un asile sûr
et tranquille. A présent ils habitent l'espace qui
s'étend parallèlement à la côte orientale depuis
le 13e jusqu'au 19e degré et demi de latitude
australe ; ou entre le Rio-Prado et le Rio-Doce.
Ils entretiennent une communication d'un de
ces fleuves à l'autre le long des frontières de
Minas-Geraës. Plus près des côtes on rencontre quelques autres tribus telles que les Patachos,
les Machacalis, etc. Les Botocoudys s'étendent
à l'ouest jusqu'aux cantons habités de Minas-
Geraës. Mawe transporte leur habitation la plus
reculée jusqu'à San-Jose da Barra-Longa, près
des sources du Rio-Doce. Dans Minas-Geraës,

de même que sur les bords du Rio-Doce, on
leur fait la guerre. Jadis les Paulistes étaient
leurs ennemis les plus implacables. On trouve
le long du Rio-Grande de Belmonte jusqu'à Minas-Novas des hordes de Botocoudys qui y vivent fort tranquillement. Chaque troupe a son
chef, nommé capitam par les Portugais, qui est
plus ou moins considéré suivant ses qualités
belliqueuses. Au nord, sur la rive droite du Rio-
Prado, ils montrent des dispositions hostiles ;
mais leur habitation principale est dans les vastes solitudes qui s'étendent sur les deux rives des
Rio-Doce et Belmonte. Ils errent tranquillement dans ces forêts et le long du San-Mateo ;
ils font quelquefois des excursions jusqu'à la
côte maritime.

Voilà les cantons habités aujourd'hui par les
Botocoudys ; Southey a réuni dans son *History of Brazil* toutes les notices relatives à l'histoire ancienne de ces sauvages qui se trouvent
dans les ouvrages des jésuites et d'autres écrivains. Elles prouvent qu'ils ont toujours été regar-
dés comme les plus farouches, les plus grossiers
et les plus terribles des Tapouyas, opinion qui
existe encore aujourd'hui dans toute sa force.

La nature a doué les Botocoudys d'un extérieur avantageux, car ils sont mieux faits et plus beaux que les autres Tapouyas. Ils sont généralement de taille moyenne, quelques-uns même deviennent très-grands; ils sont robustes, charnus, musculeux, ont généralement la poitrine et les épaules larges, et cependant sont bien pro portionnés ; ils ont les pieds et les mains jolies. De même que les autres tribus d'Indiens, ils ont les traits du visage forts, et généralement les os des joues larges, la face quelquefois un peu aplatie mais assez souvent régulière. La plupart ont les yeux petits, les autres les ont grands, généralement noirs et vifs. Les lèvres et le nez sont souvent un peu épais. On dit que l'on rencontre quelquefois parmi eux des yeux bleus ; on citait à ce sujet la femme d'un chef du Belmonte qui passait parmi ses compatriotes pour une beauté distinguée. Barbot prétend que la plupart des femmes chez les Galibis ont les yeux bleus, ce qui n'est pas vraisemblable (1). Les Botocoudys ont le nez fort, généralement droit, et légèrement recourbé, court; très-souvent avec les narines un peu larges; bien plus rare-

____

(1) *Relation of the province of Guiana.* Barrère ne fait pas mention de cette particularité.

ment très-saillant. Au reste l'on trouve parmi eux des différences de figure aussi nombreuses et aussi prononcées que parmi nous, quoique les traits fondamentaux soient généralement semblables; l'inclinaison du front en arrière n'est pas un caractère distinctif très-sûr (1). Leur couleur est un brun rougeâtre, tantôt plus clair tantôt plus foncé; quelques individus sont même presque complétement blancs, avec une teinte rougeâtre sur les joues; je n'en ai d'ailleurs vu aucun avec la peau aussi foncée que le disent quelques écrivains ; elle est plus souvent d'un brun jaunâtre. Ils ont les cheveux forts, noirs comme du charbon, durs et lisses ; les poils du reste du corps sont clair semés et également roides. Chez les individus blanchâtres, les cheveux sont d'un brun noirâtre : plusieurs s'arrachent les sourcils et la barbe, d'autres la laissent croître, ou bien se contentent de la couper. Les femmes ne souffrent pas un poil sur leur corps. Ils ont les dents belles et blanches. Ils se fendent le lobe de l'oreille et la lèvre inférieure, et élargissent ces ouvertures en y mettant des pla-

---

(1) Vater *Mithridates*, 3er Theil., 2te Abtheilueg, p. 311.

ques cylindriques faites d'un bois léger(1), puis les prenant graduellement plus grandes. Etrange parure qui rend leur visage d'une laideur repoussante. Comme cette horrible mutilation distingue les Botocoudys d'une manière si frappante, il m'a semblé important de prendre à ce sujet des informations détaillées, et je vais en conséquence communiquer au lecteur ce que j'ai appris tant par mes observations que par les récits de gens dignes de foi.

La volonté du père détermine l'époque de faire l'opération et de donner à son enfant la singulière parure de sa tribu ; c'est ordinairement à l'âge de sept à huit ans, et souvent même plus tôt. On étend à cet effet les lobes de l'oreille et la lèvre inférieure; on y perce des trous avec un morceau de bois pointu, et l'on place dessus l'ouverture d'abord de petits morceaux de bois, puis successivement de plus grands qui finissent par donner aux oreilles et à la lèvre une extension prodigieuse. J'ai mesuré une de ces plaques cylindriques qui tenait à l'oreille du chef Kerengnatnouck ; elle avait quatre pouces quatre

____

(1) Ils nomment la plaque des lèvres *gnimato*, celle des oreilles *houma*.

lignes de diamètre sur une épaisseur de dix-huit lignes. On les fait avec le bois du barrigudo (*bombax ventricosa*), qui est plus léger que le liége et très-blanc; il acquiert cette couleur en le faisant soigneusement sécher au feu, parce que la sève s'évapore par ce moyen. Quoique ces plaques soient extrêmement légères, elles abaissent la lèvre des vieillards, celle des jeunes gens est au contraire horizontale, ou un peu relevée. Cette coutume bizarre offre une preuve frappante de l'extensibilité extraordinaire de la fibre musculaire, car la lèvre inférieure n'a l'apparence que d'un anneau mince placé autour de la plaque, il en est de même des lobes des oreilles qui descendent presque jusqu'aux épaules. On peut ôter les plaques aussi souvent qu'on le désire, alors le bord de la lèvre tombe à plat, et les dents inférieures sont entièrement découvertes. L'ouverture augmente avec les années, et devient quelquefois si considérable que le lobe ou la lèvre se déchirent; alors on attache l'un à l'autre les deux morceaux avec un liane et l'on rétablit ainsi l'anneau. La plupart des gens âgés ont une oreille ou les deux à la fois déchirées de cette manière. La plaque de la lèvre pressant et frottant continuellement les dents antérieures de la mâchoire inférieure, celles-ci tombent de bonne heure, par exemple dès la vingtième ou la trentième année, ou bien sont mal faites et dérangées. J'ai déposé dans le célèbre cabinet anthropologique de M. le chevalier Blumenbach de Gœttingen le crâne d'un Botocoudy âgé de vingt à trente ans; c'est une véritable curiosité d'ostéologie. On reconnaît sur cette tête que la botoque a déjà fait tomber les dents antérieures de la mâchoire inférieure, et en même temps a comprimé si fortement les os maxillaires, que les alvéoles des dents ont entièrement disparu, et que la mâchoire est dans cet endroit devenue aussi aigüe qu'un couteau (1). La botoque gêne extrêmement les Botocoudys quand ils mangent; il en résulte naturellement une grande malpropreté (2). Quand

(1) Ce crâne a ensuite été représenté et accompagné des explications nécessaires dans le 5me cahier des *Decades Craniorum*, de M. Blumenbach.

(2) Ils nous vendaient ces ornemens sans aucune difficulté. Nous observâmes à ce sujet que ceux qui connaissaient la valeur de l'argent ne savaient pourtant pas distinguer les pièces d'après leur valeur; ils prenaient celles qu'on leur offrait pourvu qu'elles fussent rondes. Ils donnaient à toutes ces monnaies portugaises le nom de *Patacke*, qui est celui d'une pièce d'un florin (2 fr. 25 cent.).

nous leur achetions les plaques de leurs oreilles, ils suspendaient à la partie supérieure de la conque le bord du lobe resté vide (1). Les femmes ont aussi la botoque mais elle est plus petite et plus élégante que celle des hommes.

Cette mutilation horrible paraît extraordinaire même aux autres Tapouyas qui habitent le long de la côte, car elle leur sert de marque distinctive pour désigner les Botocoudys. C'est ainsi que les Malalis, reste de leur tribu, qui vivent sous la protection du quartel de Passanha, le long du Rio-Doce supérieur, les nomment *Epcoseck*, c'est-à-dire *grande oreille*.

Au reste la coutume de se percer la lèvre inférieure règne chez beaucoup de peuplades américaines. Les tribus des Toupinambas, sur la côte du Brésil, portaient des pierres néphrites vertes à la lèvre inférieure. Azara nous apprend que les sauvages du Paraguay ont le même

---

(1) Cette coutume règne aussi à l'île de Pâques.... Les hommes et les femmes, dit Cook, ont aux oreilles de très-grands trous ou plutôt des fentes dont la longueur est de près de trois pouces; quelquefois ils fendent la partie supérieure, et alors on croirait que la conque est coupée. (2ᵉ Voyage.)

usage (1). Il dit que les Aguitequedichagas portent aux oreilles un morceau de bois rond; il en est de même des Lengoas qui en garnissent les trous de plaques de deux pouces de diamètre. Ces peuples mettent aussi dans leur lèvre inférieure un morceau de bois, mais comme il a la forme d'une langue, il défigure moins que celui des Botocoudys. Azara trouva le même usage chez les Charruas. La Condamine vit sur bords du Maranhâo des sauvages qui avaient les lobes des oreilles d'une extension monstrueuse. « Nous avons été surpris de voir, dit-il, de ces bouts d'oreille longs de quatre à cinq pouces et percés d'un trou de dix-sept à dix-huit lignes de diamètre; ils agrandissent ce trou jusqu'à ce que le bout de l'oreille leur pende sur les épaules. Leur grande parure est de remplir ce trou d'un gros bouquet, ou d'une touffe d'herbe et de fleurs qui leur sert de pëndant d'oreille (2). »

On retrouve des usages pareils dans les îles de la mer des Indes et dans celles du grand Océan. Par exemple, à Manghi dans le sud-ouest

____

(1) *Voyage*, tom. II, p. 83; *ibid.*, p. 149; *ibid.*, p. 11.
(2) *Voyage de la rivière des Amazones*, p. 85.

des îles de la Société. Les habitans du *Prince*
Williams Sound, sur la côte nord-ouest d'Amérique, et ceux d'Ounalachka portent des baguettes d'os dans la lèvre inférieure (1); La Pé-
rouse représente les habitans du *Port des Fran-*
çais avec une ouverture à la lèvre inférieure (2);
suivant Quandt, les Caraïbes et les Ouaraous
de la Guiane mettent dans les grandes fentes
des lobes de leurs oreilles leurs aiguilles et leurs
épingles. Les Gamellas, sur les bords du Maranhâo, portaient de grosses plaques de bois à
leur lèvre inférieure, de même que les Botocoudys, etc. (3).

Il résulte de tous ces faits que l'usage de se
percer les oreilles et la lèvre inférieure, et de
garnir cette fente d'ornemens, est commun
aux sauvages de toutes les parties du globe;
mais que l'on trouve dans l'Amérique méridionale les modes les plus surprenantes de se dé-
figurer de cette manière, et que dans ce genre
les Botocoudys semblent avoir poussé au plus

---

(1) *Cook*, 3e voyage.

(2) *Voyage autour du monde*, tom. II, p. 201.
Voyez aussi le *Voyage de Dixon*.

(3) *Nachrichten von Surinam*, p. 246.

haut degré les recherches de l'art; car Azara
n'a observé aux oreilles des sauvages du Paraguay qu'une fente de deux pouces, tandis qu'à
celles des Botocoudys du Belmonte j'en ai vu qui
avaient quatre pouces quatre lignes, mesure anglaise; mais ce peuple se défigure aussi la bouche
de cette manière dégoûtante. Gumila parle néanmoins d'une peuplade qui l'emporte certainement sur les Botocoudys, pour la singularité de
l'ornement des oreilles. Si toutefois l'on doit
s'en rapporter à son récit, les Guamos qu'il vit
sur l'Apouré et la Sararé se fendent l'oreille à
un tel point qu'elle leur sert de poche et de petite besace (1). La séparation de tout le bord de
l'oreille, telle qu'on l'a observée chez les peuples
de l'Amérique septentrionale (2), appartient
aussi aux écarts les plus remarquables de l'imagination et d'un goût de parure barbare.

Un autre ornement extérieur chéri des Botocoudys est la coiffure. Tous se rasent entièrement le derrière de la tête jusqu'à trois
doigts ou plus haut au-dessus des oreilles, de

____

(1) *Histoire naturelle civile et géographique* de l'Orénoque, tom. I, p. 197.

(2) *Voyage de Carver*.

sorte qu'il ne leur reste qu'une petite touffe sur le sommet du crâne, qui les distingue de tous leurs compatriotes de la côte orientale. Ils se servent, pour couper leurs cheveux, d'un morceau de roseau (*taquara*) qu'ils fendent et aiguisent d'un côté. Cette sorte de couteau coupe très-bien et enlève parfaitement les cheveux; actuellement ils les ont en partie remplacés par des ciseaux d'Europe. On voit dans l'ouvrage de Southey que dès les premiers temps de la découverte du Brésil la mode de se couper les cheveux, à l'exception de ceux du sommet de la tête, régnait chez les Aymorès (1). J'ai déjà dit que les Botocoudys s'arrachent généralement les poils du corps. Quoi qu'en aient dit plusieurs auteurs, il est faux que les Américains soient sans barbe; on en voit beaucoup qui l'ont passablement forte, mais la plupart n'ont qu'un cercle de poils clair-semés autour de la bouche (2). On voit même chez les Botocoudys des enfans qui ont les bras très-velus; c'est ce que j'observai entre autres chez le fils d'un certain chef

---

(1) T. p. 282.

(2) Blumenbach, *De generis humani varietate nativâ*, confirme cette assertion.

du Rio-Grande de Belmonte. Ils n'aiment pas que le corps soit ainsi couvert de poils, et les arrachent soigneusement. On a déjà remarqué que chez tous les peuples indigènes de l'Amérique méridionale les parties sexuelles des hommes ne sont jamais que d'une grandeur médiocre ; ils diffèrent à cet égard des peuples africains de race éthiopienne, ainsi que M. Blumenbach l'a dit avec beaucoup de raison (1). Quant à l'assertion d'Azara sur les parties sexuelles des femmes indiennes du Paraguay (2), je ne puis l'affirmer, car ce que j'ai raconté des hommes peut aussi leur être appliqué. Chez les Botocoudys les hommes cachent leurs parties sexuelles dans une gaîne tressée avec des feuilles sèches d'issara. Ils donnent à cet étui le nom de *giucann* et les Portugais celui de *tacanhoba* (*tacanioba*). Cette coutume règne aussi chez les Camacans, dont j'aurai occasion de parler par la suite. Chaque fois qu'un Botocoudy veut satisfaire un besoin naturel, il faut qu'il ôte ce fourreau ; puis il le remet soigneusement.

Au reste les Botocoudys ne mutilent pas

-----

(1) Blumenbach , L. C.

(2) *Voyages* , tom. II, p. 59.

leur corps, ils se bornent à le peindre. Mais chez aucune des peuplades de la côte orientale du Brésil on ne trouve un tatouage aussi artistement fait qu'à l'île de Noukahiva. Une petite figure tracée sur le visage d'un Indien Coropo est le seul dessin de ce genre qui ait frappé ma vue (1). Les couleurs dont les Botocoudys, ainsi que tous les Tapouyas du Brésil, font usage pour peindre leur corps, se tirent du fruit du rocouyer, très-commun dans toutes les forêts, et de celui du genipayer. Le premier donne un rouge jaunâtre ardent; la partie colorante est contenue dans la membrane qui renferme les graines; on extrait du second un noir bleuâtre très-durable, qui reste visible sur la peau pendant huit et même quatorze jours, et avec lequel les Indiens chrétiens qui habitent le long du fleuve des Amazones peignent sur leurs étoffes des figures du soleil, de la lune, des étoiles, et de toutes sortes d'animaux (2). Avec le rocou qui s'efface aisément, ils se peignent principalement le visage depuis la bouche jus-

---

(1) Von Eschwege. *Journal von Brasilien*, tom. I, p. 137.

(2) Von Murr. *Reisen einiger missionære der gesellschaft Jesu*, p. 528.

qu'en haut; ainsi barbouillé, il a l'air extrême-
mement farouche et comme enflammé. Ils se
peignent ordinairement le corps en noir, à
l'exception du visage, de l'avant-bras, et des
jambes depuis les mollets jusqu'en bas; mais
dans cette dernière partie ils séparent par une
raie rouge la partie peinte de celle qui ne l'est
pas. D'autres partagent leur corps en deux du
haut en bas, laissent une moitié dans son état
naturel et peignent l'autre en noir, ressemblant
ainsi à un genre de masque nommé dans certains pays *jour et nuit;* d'autres ne se peignent
que le visage en rouge ardent. Je n'ai observé
chez eux que ces trois sortes de peinture.

Quand ils se barbouillent le corps de noir,
ils ornent ordinairement leur visage rougi d'une
raie noire, qui, semblable à une moustache,
va d'une oreille à l'autre en passant sous le nez.
Enfin quelques-uns, qui se peignent de noir
tout le corps jusqu'aux pieds, n'appliquent pas
de couleur à la partie moyenne. Ils broient
leur couleur dans le carapace d'une tortue,
qu'ils joignent quelquefois au reste de leur bagage. Ainsi barbouillé, le Botocoudy n'est cependant pas encore assez paré à son gré, il lui
faut un collier de graines noires ou de noyaux

de certains fruits, enfilés à un cordon. Le long du Rio-Doce ces sauvages font ces colliers, qu'ils nomment *pohuit*, avec des graines dures et noires, au centre desquelles sont placées des dents de singe ou de bêtes carnassières, parure que portent aussi les Pourys et la plupart des peuples indigènes du Brésil. Il paraît que dans la contrée arrosée par le Belmonte ils n'ont pas ces fruits noirs, car ils emploient de petits noyaux d'un brun jaunâtre et luisans. L'usage de ces colliers est très-commun chez les femmes et les enfans ; au contraire les hommes, chez les Botocoudys, s'en servent fort peu ; cependant j'en rencontrai quelques-uns qui en avaient plusieurs noués autour du front. On a souvent vu le long du Rio-Doce des chefs qui avaient une quantité de ces cordons, auxquels étaient suspendues beaucoup de dents d'animaux.

Ces sauvages ont coutume de porter dans leurs marches une certaine quantité de dents, afin de s'en parer à l'occasion. Chaque homme porte autour du cou, attaché à un fort cordon, son joyau le plus précieux, un couteau. Ce n'est souvent qu'un morceau de fer aiguisé, ou une lame dont, à force de servir, il ne reste plus qu'une très-petite partie. Comme ils repassent soigneusement cet instrument, il est toujours extrêmement tranchant.

Leurs chefs se distinguaient quelquefois par des plumes d'oiseaux attachées à leur tête ou à d'autres parties de leur corps. Autrefois ils se paraient aussi avec un diadème de douze à quinze ou même un plus grand nombre de plumes jaunes de la queue du japu (*cassicus cristatus*), qu'ils fixaient dans la chevelure du devant de la tête avec de la cire, puis les attachaient avec un cordon. La couleur jaune formait un contraste assez agréable avec la noirceur des cheveux. Ils donnent à ces diadèmes de plumes le nom de *nucancann* ou *jakeráiunni-oká*. Il paraît que la mode en est passée depuis quelque temps, car le long du Belmonte je n'en ai vu que dans les cabanes. D'autres chefs se paraient simplement avec deux plumes d'oiseau, généralement de perroquet, qu'ils attachaient sur le devant du front avec un cordon (1). Un chef, tué dans une attaque à Linharès sur le Rio-Doce au mois d'août 1815,

____

(1) On voit cette parure en plumes représentée sur la planche du titre de l'*Histoire naturelle du Brésil* de Marcgraf et de Pison.

était très-paré. Il portait à la partie supérieure et inférieure des bras, aux cuisses et aux mollets, des cordons de plumes d'arara rouge foncé (1); des bouquets de plumes orange foncé de gorge de toucan (*ramphastos dicolorus*), ornaient les deux bouts de son arc. Il est cependant très-rare que les Botocoudys, pour se parer, fassent usage des plumes d'oiseaux, car la plupart de leurs chefs vont généralement nus, et sont peints comme tous les autres. Le long du Rio-Grande de Belmonte, où, grâces aux dispositions pacifiques qui y règnent, ils ont occasion de faire un commerce d'échanges, ils se sont procuré des mouchoirs et d'autres objets ; mais je ne les ai jamais vus en porter. Les femmes aiment la parure, elles recherchaient surtout les chapelets, les mouchoirs rouges et les petits miroirs ; les hommes préféraient les haches, les couteaux, ou d'autres outils en fer. Les Botocoudys ne montrent aucun goût dans les ornemens qu'ils se font ; au contraire d'autres tribus, telles que les Cama-

______

(1) Les Botocoudys nomment ce beau perroquet *Hatarat* et ajoutent à ce mot celui de gipakeiu (gros ou grand) pour le distinguer d'un autre plus petit.

cans, dans le sertam de la capitainerie de Bahia, fabriquent de très-jolis ouvrages. Les tribus indigènes du Mexique et du Pérou, notamment les peuples qui habitent les bords du Maranhào, sont bien supérieurs aux Botocoudys et aux autres Tapouyas de la côte, car ils font de très-jolis ouvrages en plumes qui se distinguent surtout par de belles couleurs éclatantes. On voit dans le cabinet royal d'histoire naturelle de Lisbonne une collection extrêmement intéressante de ces parures, qui, pour l'art et la délicatesse du travail, approchent beaucoup de celles des îles Sandwich. Les femmes, qui sous tous les climats ont plus de vanité et de goût pour la parure, l'emportent peu à cet égard sur les hommes dans les forêts antiques du Brésil; elles se peignent le corps des mêmes couleurs et de la même manière que les hommes, portent des colliers semblables aux leurs, et en outre un joli cordon de toucoum. Elles ont la bouche et les oreilles également ornées de la botoque; elles se distinguent seulement en entourant leurs jambes, au-dessous du genou et au-dessus de la cheville, de cordons d'écorce ou *gravatha*, pour les conserver fines.

D'ailleurs les Tapouyas de la côte orientale

ne défigurent pas leurs corps ; on ne rencontre chez eux ni l'usage des Omaguas ou des Combèras, qui, pour rendre le visage de leurs enfans semblables à la pleine lune, leur aplatissent le front entre deux morceaux de bois (1) ; ni la coutume d'aplatir le nez (2), dont les vieux voyageurs français parlent en faisant mention des Toupinambas ; mais on n'en trouve plus aucune trace chez ces peuples aujourd'hui civilisés. Les enfans des Botocoudys sont quelquefois très-jolis ; dès l'âge le plus tendre une petite couronne de cheveux orne leur tête.

Si les diverses tribus des peuples du Brésil se ressemblent par leur forme extérieure, elles ont les mêmes rapports entre elles par le caractère moral. Leurs facultés intellectuelles sont dominées par la sensualité la plus grossière; cependant on aperçoit souvent chez eux des preuves d'un jugement très-sain, et même d'un esprit fin. Ceux qui sont amenés chez les blancs

---

(1) Le nom d'*Omaguas*, que leur donnent les Espagnols, signifie *tête plate* dans la langue du Pérou, ainsi que *Combera*, que leur donnent les Portugais du Para, dans la langue du Brésil. *Voyez* la Condamine, p. 72, et la *Corografia Brasilica*, tom. II, p. 326.

(2) Azara, *Voyages*, tom. II, p. 60.

observent avec soin tout ce qu'ils voient, imitent avec les gestes les plus comiques et d'une manière si frappante ce qui leur semble ridicule, que personne ne peut se méprendre à leur pantomime. Ils comprennent de même facilement, et apprennent promptement les arts d'agrément et d'adresse, tels que la musique, la danse, etc. Mais n'étant ni guidés par des principes moraux, ni retenus par des lois dans les bornes de l'ordre social, ces hommes grossiers suivent les penchans de leur instinct et de leurs sens, comme les jaguars des forêts. Les explosions effrénées de leurs passions farouches, surtout de la vengeance et de la jalousie, sont chez eux d'autant plus redoutables qu'elles sont promptes et même subites. Toutefois ils diffèrent souvent la satisfaction de leur passion jusqu'à une époque favorable, alors ils donnent un plein essor à leur vengeance. Le sauvage ne manque jamais d'en tirer une de toute offense qui lui a été faite, et c'est un grand bonheur s'il ne rend pas plus qu'il n'a reçu : ils sont de même impétueux dans l'emportement de la colère. Un Botocoudy, dans le voisinage d'un quartel sur le Belmonte, tua par jalousie une de ses femmes qui était plus belle et plus spirituelle que les autres. La moindre offense les irrite. Un soldat mulâtre alla un jour avec quelques Botocoudys pour chasser dans les forêts du Belmonte. Un de ces sauvages, qui étaient tous des gens très-pacifiques, pria le mulâtre de lui prêter son couteau : celui-ci le lui ayant refusé, le sauvage essaya de s'en emparer par force. Le soldat fit un geste de menace comme pour frapper le sauvage ; à l'instant ce dernier le tua d'un coup de flèche. Un jour plusieurs Botocoudys furent insultés par un sous-officier au quartier dos Arcos, pendant l'absence de l'officier ; aussitôt ils s'en firent une affaire commune, et s'en allèrent tous ensemble. Ce ne fut qu'après beaucoup d'efforts et de bonnes paroles pour conserver la paix avec eux qu'on parvint à les rappeler. Lorsque, dans des occasions semblables qui les concernent tous, ils veulent se rassembler, ils se servent pour s'appeler dans les bois de porte-voix faits de la dépouille extérieure de la queue du grand tatou (*dasypus gigas*, Cuvier) : ils les nomment kountchoung-cocan.

Quand on leur montre de la franchise et de la bienveillance, ils y répondent souvent par de la bonté, même de la fidélité et de l'attachement.

Ils n'oublient pas aisément un bon traitement, comme cela est ordinaire chez les hommes de la nature non corrompus. Dans le voisinage de Santa-Cruz, sur la petite rivière de San-Antonio, à huit milles de Belmonte, vivait une famille qui recevait fréquemment un jeune Botocoudy, et le traitait toujours amicalement. Ses compatriotes faisaient quelquefois des incursions dans le canton en ennemis. Un jour le jeune sauvage accourut tout essoufflé à la maison, et donna à entendre par des signes d'inquiétude qu'il fallait se sauver, parce que ses compatriotes s'approchaient. On ne fit aucun cas de ses avertissemens; mais bientôt parut effectivement une troupe de Botocoudys qui assassinèrent presque tous les habitans de la maison.

Malgré ces traits de bon caractère, il est toujours dangereux de se trouver dans leurs forêts avec les meilleurs d'entre eux; car aucune loi ni intérieure ni extérieure ne les arrête, de sorte qu'un incident insignifiant en lui-même peut leur inspirer des dispositions hostiles; il est par conséquent beaucoup plus sûr d'éviter tout rapprochement avec eux. Sur le Rio-Grande, ils sont aujourd'hui persuadés des bonnes intentions des Portugais à leur égard ; on peut donc dans ces cantons aller avec eux dans les forêts et même à la chasse, et cependant il est toujours nécessaire dans ces occasions d'user d'une certaine prudence et de circonspection.

La paresse est aussi un des principaux traits du caractère de ce peuple. Dominé par son indolence naturelle, le Botocoudy reste inactif dans sa cabane jusqu'à ce que le besoin de manger l'en fasse sortir. Mais alors même il agit le moins qu'il peut et exerce dans toute son étendue le droit du plus fort, car il fait exécuter par ses femmes et ses enfans la plupart des travaux. L'indolence des Botocoudys n'est pourtant pas aussi grande que celle des Guaranis, telle qu'elle a été depeinte par Azara (1), car ils sont gais, facétieux, et parlent avec plaisir. Quand on leur promet un peu de farinha et un coup d'eau-de-vie, ils accompagnent volontiers pendant toute une journée les blancs à la chasse. Il faut que la femme obéisse servilement à son mari, les nombreuses cicatrices dont son corps est couvert indiquent tout ce qu'elle a à craindre

____

(1) *Voyages*, etc., tom. II, p. 60.

des explosions faciles de sa colère. Tout ce qui
ne concerne pas la chasse et la guerre est du res-
sort des femmes. Elles construisent les cabanes, cherchent les fruits pour la nourriture ,
et dans les voyages elles sont chargées comme
des bêtes de somme. Ces travaux multipliés et
pénibles ne leur permettent pas de beaucoup
s'inquiéter de leurs enfans. Tant qu'ils sont
petits elles les portent constamment sur leur
dos; quand ils sont un peu plus grands, on les
abandonne à eux-mêmes, et ils apprennent
promptement à faire usage de leurs forces. Le
jeune Botocoudy se traîne sur le sable jusqu'à
ce qu'il puisse tendre un petit arc; alors il commence à s'exercer, et il ne lui faut plus pour se
former que les leçons de la nature. L'amour
d'une vie libre, grossière et indépendante s'im-
prime profondément dans son esprit dès son
plus jeune âge, et dure tant qu'il existe. Tous
les sauvages que l'on a tirés de leurs forêts na-
tives pour les élever dans la société des Européens ont pendant un temps supporté cette
gêne, mais ils soupirent toujours après le lieu
de leur naissance, et s'enfuient souvent lorsque
l'on n'écoute pas leurs désirs. Au reste quel est
l'homme qui ne connaît pas l'attrait puissant

du sol paternel et de la première manière de vivre.

Mais n'en est-il pas de même de tout chasseur habitué dès la jeunesse à parcourir les forêts où il jouit des beautés de la nature? qu'on le transporte au milieu du tumulte et du fracas des grandes cités, il soupire après ses bois. Les sauvages élevés parmi les blancs, et qui se sont ensuite enfuis, ont souvent rendu des services aux établissemens européens, lorsqu'ils avaient été bien traités; pendant la guerre au contraire ils ont fréquemment fait beaucoup de tort, parce qu'ils connaissaient les côtés faibles des colonies.

Lorsqu'une horde de Botocoudys arrive dans une forêt où elle veut s'arrêter, les femmes allument aussitôt du feu à la manière de la plupart des peuples sauvages; elles prennent un morceau de bois long et creusé de plusieurs cavités sur lesquelles on en place perpendiculairement un autre : on attache souvent à l'extrémité supérieure de celui-ci un morceau de flèche pour l'allonger et pouvoir mieux le saisir; on le prend entre les paumes des mains étendues, et on le fait tourner avec rapidité. Au-dessous du morceau de bois horizontal, dans lequel tourne la pointe du premier, d'autres femmes tiennent étendue de l'étoupe faite de l'écorce de l'arbre nommé en conséquence par les Portugais *Pao d'estopa* (*lecythis*) : les brins épars prennent feu et allument les fibres de l'écorce. L'effet de cet instrument, nommé *nom-nan* par les Botocoudys, est sûr, mais il coûte beaucoup de temps et d'efforts (1). Il est très-fatigant de faire tourner le bois, et souvent il faut que plusieurs femmes se relaient dans cet exercice. Quelquefois les Portugais dans leurs excursions au milieu des forêts se servent de cette manière de faire le feu, quand ils n'ont pas d'autres instrumens. On y emploie deux sortes de bois ; l'un est généralement un gameleira (*ficus*), et l'autre un imbauba (*cecropia*).

Dès que le feu est allumé, les femmes se mettent aussitôt à construire les cabanes, coupent les grandes feuilles des cocotiers sauvages, et les fichent en terre, les unes à côté des autres, de manière que leurs sommités supé-

----

(1) Les Groenlandais, les Galibis, les Ounalachkaliens, les Kamtchadales, les Taïtiens, les sauvages de la Nouvelle-Hollande font le feu de la même manière.

rieures, naturellement souples, se penchent vers le centre de l'enceinte les unes au-dessus des autres et forment ainsi une voûte. Ces cabanes si simples sont ordinairement de figure allongée, quelquefois rondes; au milieu il y a des pierres qui servent à entourer le feu, ou à casser les petits cocos sauvages qu'ils nomment *ororo*. Plusieurs familles vivent ordinairement ensemble dans une de ces cabanes; une réunion de cabanes semblables porte chez les Portugais le nom de *Rancharia*. Si les Botocoudys restent long-temps dans un endroit, ils perfectionnent leur demeure, ils ajoutent à l'entour des pieux et des branchages, et au toit d'autres branches, du chaume et de grandes feuilles de pattioba (1), ce qui lui donne une bonne épaisseur. Tous les ustensiles du ménage sont éparpillés à terre; ils sont très-simples, mais plus nombreux que

---

(1) Les Portugais nomment *folha de pattioba*, d'après la lingoa geral, les feuilles du coco de patti, espèce de palmier, quand elles viennent de sortir de terre. Tous ces beaux végétaux poussent d'abord de terre des feuilles plissées, larges de quatre à cinq pieds; leurs folioles sont alors encore réunies en une large surface; dans cet état leur parenchyme coriace fournit pour les toits une excellente couverture qui les met à l'abri de la pluie.

ceux des Pourys à San-Fidélis : ce sont également les femmes qui fabriquent la plupart des ustensiles. Ces sauvages ont, pour cuire les viandes, des pots faits d'une argile grise qui ont passé au feu ; tous les Botocoudys ne s'en servent pas. Pour garder l'eau et pour boire ils font généralement usage d'écales de gourdes, et quand il y a des habitations européennes dans leur voisinage ils emploient quelquefois le fruit du calebassier (*crescentia cujete*, L.); dans les forêts ils se servent de longs morceaux du roseau nommé *taquarassu* (grand roseau) dans la lingoa geral des tribus de Toupinambas aujourd'hui civilisées. C'est une espèce de *bambusa*, qui, ainsi que je l'ai déjà dit, s'élève jusqu'à trente et quarante pieds de haut, et parvient à la grosseur du bras. Pour se faire un gobelet, les Botocoudys coupent un morceau de la tige du roseau; le nœud qui reste au morceau forme le fond. Cette sorte de vase, nommée *kékrock*, ayant une longueur de trois à quatre pieds, contient beaucoup d'eau, mais éclate aisément : les sauvages en bouchent les fentes avec de la cire.

Les femmes et les enfans vont chercher l'eau, parce qu'il faut qu'il y en ait toujours dans les cabanes, font des lignes à pêcher avec le palmier tucum, et des cordons très-forts avec les fibres des feuilles d'une espèce de bromélia (1), nommée *orontionarick*, ainsi qu'avec l'embira ou écorce d'arbre, qui leur fournit aussi des cordes pour leurs arcs. Pour tirer les fibres des feuilles, on laisse macérer la partie charnue, et on enlève ensuite la membrane extérieure. Les matériaux pour faire des cordes ne manquent pas dans ces antiques forêts américaines ; le pao d'estopa (*lecythis*), le pao d'embira, l'embira brama, le barrigudo (*bombax*), et d'autres arbres en fournissent en abondance. C'est avec le pao d'estopa, dont les Portugais emploient fréquemment l'écorce molle découpée en grandes lanières, que ces sauvages font leur lit ; car ils ne dorment pas dans des hamacs ou des filets suspendus, comme font les Pourys et la plupart des peuples de l'Amérique méridionale. Un morceau d'estopa, étendu à terre, leur sert de couche. Cette écorce paraît

---

(1) Au Paraguay, cette plante se nomme *caraguata*, et à la côte orientale du Brésil *gravata*. Voyez Azara, *Voyages*, tom. I, p. 135, et Arruda, *supplément* au voyage de Koster.

avoir de l'affinité avec celle que les Indiens En-
cabelladas sur le Rio-Napo emploient pour
couverture et pour lit, et nomment *yanchama*.
Les peuples des bords du Maranhào ne s'en
servent généralement que pour couverture de
lit ou pour tapis. Des fruits et toutes sortes de
provisions, les armes, les provisions de bois et
de plumes, composent le reste des objets qui
remplissent les cabanes des Botocoudys.

Le premier besoin des sauvages, quand ils
sont installés, est la nourriture : leur appétit
ne connaît pas de bornes, ils mangent avec beaucoup d'avidité, et pendant le repas sont sourds
et muets pour toute autre chose. Si l'on remplit bien leur ventre, l'on a trouvé la voie la
plus sûre de gagner leur amitié, et si au régal
on ajoute quelque présent, on est assuré de
leur attachement.

La nature qui a assigné à l'homme sauvage les
animaux des forêts pour apaiser sa faim, lui
a fait inventer dans presque tous les pays du
globe les mêmes armes grossières, l'arc et la
flèche. Les Européens, les Asiatiques, les Africains et les Américains s'en servaient autrefois, et quelques-uns en font encore usage.
L'Asiatique et l'Africain portent des massues,

des zagaies et des arcs ; l'Américain des massues (1), des arcs, des sarbacanes (2), des
lances (3) ; le sauvage du Grand-Océan des
massues, des lances et son arme à feu.

---

(1) Quoique les tribus des Tapouyas du Brésil oriental
n'aient pas de massues, on trouve cependant cette arme
chez celles qui dans les provinces de Cuiaba et de Matto-
Grosso combattent contre les Portugais; de ce nombre sont
les Mabayas et les Bayagnas. *Voyez* Azara, tom. II, p. 100 et
119. Les sauvages du Maranhaô, les Toupinambas aujour-
d'hui civilisés, et les tribus qui s'en rapprochent, avaient des
massues de bois pesant et lourd, de même que les peuples de
la Guiane.

(2) La Condamine a décrit les sarbacanes (*esgravatanas*
ou *esgaravatanas*) des peuples de l'Amazone (p. 67). « Ils
y ajustent, dit-il, de petites flèches de bois de palmier qu'ils
garnissent, au lieu de plumes, d'un petit bourlet de coton qui
remplit exactement le vide du tuyau ; ils les lancent avec le
souffle à trente et quarante pas, et ne manquent presque jamais
leur coup... Ils trempent la pointe de ces petites flèches,
ainsi que celles de leurs arcs, dans un poison si actif, que
quand il est récent il tue en moins d'une demi-minute l'animal à qui la flèche a tiré du sang. » M. de Humboldt parle
aussi de sarbacanes faites par les Indiens de l'Orénoque avec
des chalumeaux de graminées gigantesques, qui d'un nœud à
l'autre ont des articulations longues de dix-sept pieds.

Ansichten der Natur, p. 294.

Tableaux de la Nature, tom. II, p. 180.

(3) La lance est une arme très-rare chez les peuples de
l'Amérique. Cependant les Indiens du Paraguay et tous

De toutes les armes des peuples sauvages ,
l'arc colossal des Brésiliens et la flèche de grandeur proportionnée semblent être les plus redoutables. Un Botocoudy trapu et robuste ,
à la vue perçante et aux bras nerveux, exercé
dès sa jeunesse à tendre le bois roide et ferme
de son arc gigantesque , est dans les solitudes
des forêts sombres et touffues un véritable objet de terreur. Les armes de toutes les tribus
sauvages du Brésil se ressemblent parfaitement
dans l'objet principal; mais on remarque chez
chacune de petites différences qui tiennent en
partie à des causes locales. Beaucoup se servent
pour leurs flèches d'une espèce de roseau (*taquara*) qui croît près de leur demeure , et
pour leurs arcs d'un bois fort et élastique; celles
qui vivent le long de la côte orientale , et dans
la capitainerie de Minas-Géraës, les font avec
le bois du palmier – aïri épineux , nommé à

---

ceux qui ont des chevaux s'en servent ; elle a dix pieds de
longueur. Celle des peuples de l'Amazone et de la Guiane
est au contraire courte et ornée de plumes ; c'est leur arme
de voyage la plus ordinaire. *Voyez* la Condamine. Le
cabinet royal d'histoire naturelle de Lisbonne offre une
collection curieuse d'armes de ces peuples, ornées de plumes
d'une beauté admirable.

Minas *brejuba*, et par les tribus toupinambas *aïri assu.* Ce bois fibreux est extrêmement compact, élastique, et, sur une épaisseur proportionnée, difficile à ployer ; cependant il se brise quand on le manie avec trop de force. Les Pourys et la plupart des habitans de la côte orientale, de même qu'une grande partie des Botocoudys du Rio-Doce, en font aussi le même usage : mais il paraît que ce palmier ne croît pas au nord. C'est pourquoi les Patachos, les Machacalis et les Botocoudys, qui habitent encore plus au nord sur le Rio-Grande de Belmonte, emploient le *heirang*, arbre nommé *pao d'arco* (bois d'arc) par les Portugais. C'est une espèce de bignonia très-haute, à belles fleurs jaunes ; le bois en est solide, élastique, blanc, avec le cœur jaune citron ; mais quand on l'a travaillé, il devient d'un rouge brunâtre (1). Le bois d'aïri est d'un brun noir brillant, et quand il

---

(1) Le pao d'arco montre au commencement du printemps, c'est-à-dire à la fin d'août et dans les premiers jours de septembre, son jeune feuillage, d'un beau rouge brunâtre, qui donne un aspect bigarré aux forêts où il est très-commun. Ses grandes et belles fleurs, d'un jaune foncé, sont nombreuses et couvrent l'arbre ; on coupe l'écorce de cet arbre en grandes plaques et l'on en couvre les maisons.

est bien poli, fournit une arme agréable à la vue. La plus grande force de cet arc réside dans le milieu ; il va en diminuant insensiblement vers les deux extrémités. Les hommes robustes ont des arcs longs de six pieds et demi à sept pieds ; j'en ai même vu un chez les Patachos dont la longeur était de huit pieds neuf pouces et demi. On fait avec les fibres du gravatha la corde de ces arcs, qui doit aussi être très-forte.

Pour la flèche, qui est souvent longue de six pieds, les Botocoudys qui vivent le long du Rio-Doce prennent deux espèces de roseaux, l'uba et le cannachuba, qui est lisse et dépourvu de nœuds, et se distingue du premier par sa moelle. Dans les pays arrosés par le Belmonte, au contraire, ils ne se servent ordinairement que de l'uba, qui y croît très-abondamment ; mais ils apportent de cantons éloignés d'autres espèces de roseaux auxquels ils attachent un grand prix. La partie inférieure de la flèche, qui appuie sur la corde de l'arc, est garnie des larges plumes de la queue du mutum (*crax alector*, L.), du jacutinga (*penelope leucoptera*), du jacupemba (*penelope marail*, L.), de l'arara, etc. Une de ces plumes est attachée dans le sens de sa longueur, de chaque côté de la flèche, avec une écorce de liane. Les Portugais nomment cette plante grimpante *imba*, d'après la lingoa geral, et les Botocoudys *meli*.

On distingue trois sortes de flèches qui diffèrent par la pointe, savoir la flèche de guerre, *ouàgické comm*, la flèche barbelée, *ouagické nigméran*, et la flèche pour la chasse des petits animaux, *ouagické bacannumock*. La première a une pointe allongée ou elliptique, très-aiguë, faite d'un morceau de roseau taquarassu. On brûle le roseau pour le rendre plus dur, on le racle et on le taille pour que les bords en soient aussi tranchans que ceux d'un couteau, et la pointe aigue comme celle d'une aiguille. Cette espèce de flèche fait les plus grandes blessures, et s'emploie par conséquent à la guerre et à la chasse des plus gros animaux. Le roseau étant creux, le sang coule le long du côté concave de la pointe, de sorte que l'animal qui a été frappé saigne beaucoup.

La pointe de la flèche barbelée, qui est longue d'un pouce ou d'un pouce et demi, est faite du même bois que l'arc, soit d'aïri, soit de pao d'arco. Elle est mince, très-aiguë, et a d'un côté huit à douze entailles obliques, dirigées en arrière, qui forment le harpon. Cette

flèche s'emploie à la chasse des grands et petits
animaux, ainsi qu'à la guerre, et fait une plaie
dangereuse : comme la disposition des entailles
en rend l'extraction difficile, on tâche, quand
cela est possible, de la faire passer entièrement
à travers les chairs; alors on brise la pointe,
puis on retire en arrière la hampe en la tour-
nant entre les deux mains ouvertes.

La troisième espèce de flèche ne sert qu'à l a
chasse des petits animaux : on prend une branche pourvue de nœuds, et on l'arrange de manière que l'arme, au lieu d'avoir une pointe à
son extrémité, ait quatre à cinq nœuds disposés
en forme de rosace, et coupés très-courts.
La hampe de la flèche des Botocoudys n'a
pas de nœuds, ce qui la distingue des autres.

Pour donner plus de force et de solidité
aux deux premières sortes de flèches, les sauvages les frottent avec de la cire, puis les passent au feu pour qu'elle y pénètre mieux; ils
font subir la même opération aux arcs. Les peuples du Maranhão ont aussi à leurs lances des
pointes de bois dur, mais ceux du Rio-Napo
les munissent de pointes de gros roseaux. Les
sauvages de la côte orientale du Brésil ne connaissent pas les carquois; leurs flèches sont trop

longues; c'est pourquoi ils les portent toujours à la main. Les peuplades américaines ont généralement des arcs et des flèches d'une longueur considérable, en quoi elles diffèrent des peuples d'Asie et d'Afrique. Cependant quelques nations de l'Amérique méridionale se servent de flèches courtes, et les portent dans des carquois; mais elles sont presque toujours à cheval, par exemple les Charruas et les Minuanes du Paraguay (1).

Les Tapouyas de la côte orientale du Brésil ne font pas usage de flèches empoisonnées; on en trouve chez les peuples des bords du fleuve des Amazones. Pour apprendre à se servir convenablement de l'arc, les petits garçons s'y exercent de bonne heure ; ils font usage à cet effet de flèches et d'arcs légers. Nous avons, dans les lieux bas, et sur les nombreux bancs de sable du Belmonte, été souvent témoins de ces exercices, et nous avons vu ces jeunes gens tirer leurs flèches perpendiculairement à une très-grande hauteur en l'air, puis la relancer de nouveau. Les parens les encouragent à ces exercices, et la jeunesse y fait des progrès rapides,

---

(1) Azara, *Voyages*, etc., tom. II, p. 18 et 66.

de sorte que des jeunes gens de quatorze à quinze ans peuvent prendre part aux parties de chasse.

Le règne animal fournit dans ces immenses forêts, qui se suivent sans interruption, une provision abondante aux sauvages, et la nature n'a pas été moins prodigue dans les mets délicats et savoureux qu'elle a produits dans le règne végétal pour leurs gosiers grossiers. Ainsi elle a pourvu à tous leurs besoins, et elle a eu d'autant plus de raison de le faire, qu'ils ne connaissent pas le souci du lendemain. Ils peuvent, dans un cas de nécessité, supporter la faim pendant long-temps; mais en revanche ils mangent immodérément. Si le hasard leur amène un gros animal, tous y prennent part également, et en peu de temps une provision considérable est consommée. On les a souvent vus, après s'être surchargés l'estomac, se fouler mutuellement le ventre. La modération leur est totalement étrangère, voilà pourquoi l'eau-de-vie et toutes les boissons fortes sont si dangereuses pour eux; ne sachant pas réprimer leurs passions, même quand ils sont sobres, des disputes sanglantes s'élèvent trop aisément parmi eux lorsqu'ils sont ivres.

Les Botocoudys sont très-adroits et très-habiles dans leur principale occupation, qui est la chasse; ils suivent les animaux à la piste avec une sûreté étonnante, et leurs sens extrêmement fins les aident merveilleusement. Ils connaissent toutes les traces et savent parfaitement les suivre, même lorsque nos yeux n'apercevraient plus rien; enfin ils s'entendent très-bien à imiter tous les cris d'appel des animaux : c'est à s'y méprendre. Leur corps endurci supporte toutes les incommodités, la chaleur du jour comme l'humidité froide de la nuit. Obligés de dormir sans cabanes dans les forêts, ce qui leur arrive souvent, ils font un grand feu; au reste ils ne le laissent jamais éteindre dans leur cabane pendant la nuit. Quand les moustiques tourmentent leur corps nud, ils le frappent avec un grand bruit pour les tuer. On a dit, ce qui est très-surprenant, que ces insectes altérés de sang attaquent plutôt les étrangers que les indigènes. Plusieurs écrivains prétendent qu'en se frottant le corps avec de certaines huiles ou des substances odorantes, on se préserve de la piqûre de tous les insectes : mais quoiqu'il se trouve certainement dans ces contrées beaucoup de substances désagréables pour les insectes, il ne paraît pas que les Botocoudys aient

fait cette expérience, car ils vont ordinairement de côté et d'autre sans peindre leur
corps.

L'eau ne manque pas facilement aux sauvages
dans leurs parties de chasse ; indépendamment
des petits ruisseaux qui murmurent de tous côtés
dans les forêts dont les rochers et les montagnes sont couverts, on y rencontre une infi-
nité de plantes qui ont un suc rafraîchissant,
par exemple le taquarassu. En coupant ses jeunes
tiges il en découle, ainsi que je l'ai dit plus
haut, une eau fraîche dont le goût est d'une
douceur un peu fade : il s'en trouve de même
entre les feuilles roides des tiges de bromélia.

Les sauvages, et même les enfans des deux
sexes, nagent avec beaucoup d'adresse ; ils
grimpent avec facilité aux arbres les plus élevés;
les Pourys se nouent à cet effet les deux pieds
avec un liane ; les Botocoudys n'emploient pas
le même procédé. Ils vont à la chasse, soit iso-
lément, soit par troupes ; leurs chefs sont ordinairement les tireurs d'arcs et les chasseurs
les plus habiles, aussi jouissent-ils d'une
grande considération. Pour être prêt à tirer de
l'arc, le Botocoudy a toujours le creux de la
main gauche enveloppé d'un cordon, afin de

n'être pas blessé par la corde de l'arc quand il fait partir la flèche. Les Pourys n'ont pas cet usage. Au lieu de cordon d'embira, les Boto-coudys emploient aujourd'hui une ligne à pê-cher, qui leur sert par conséquent à deux fins. Ils achètent leurs hameçons aux Portugais par échange.

Les sauvages cherchent à cerner les troupes de gros animaux, tels que les pécaris qu'ils nomment *kourack*, et les tapirs (*hokhme-reng*). Quand ils y réussissent, ils se hâtent de percer le corps de ces animaux d'un aussi grand nombre de flèches qu'ils peuvent; car ces coups de flèche tuent très-promptement. Ils mangent jusqu'à la peau du tapir, et n'en laissent que les os les plus gros. La flèche est une très-bonne arme pour la chasse et la guerre dans les forêts, et quoiqu'elle n'ait pas l'efficacité d'une balle de fusil ou de carabine, elle atteint pour-tant aussi loin que le plus gros plomb, et en outre est beaucoup plus sûre. Le coup part tranquillement, n'est accompagné d'aucun bruit, et n'en est que plus dangereux ; l'humidité ne cause aucun inconvénient à cette arme, et l'arc ne rate pas comme nos armes à feu. Combien de fois l'état de l'atmosphère n'a-t-il pas été

nuisible aux conquérans européens dans les forêts du Brésil ! Quand leurs armes étaient humides, les sauvages les égorgeaient sans peine.
La flèche sort avec rapidité de la masse touffue
des forêts, sans que l'on aperçoive d'où elle
est partie : aussi les sauvages peuvent-ils tuer
plusieurs animaux d'une troupe sans que les
autres le remarquent et cherchent à s'enfuir.
Mais à côté de ces avantages, cette manière de
chasser a aussi ses inconvéniens, car la longue
flèche que le sauvage lance en l'air contre les
oiseaux reste souvent suspendue dans la touffe
serrée que forme l'entrelacement des cipos avec
les cimes des arbres : il faut alors que le chasseur y grimpe pour la retirer. Les sauvages que
nous chargions dans nos parties de chasse de
tuer des oiseaux pour nos collections, se dé-
barrassaient dans ces cas-là de tous leurs vêtemens, parce qu'ils grimpent plus aisément quand
ils sont tout nus. Ils appliquent leurs deux pieds
à une hauteur égale contre un arbre de grosseur médiocre, et le serrent avec la plante qu'ils
frottent de leur salive, puis s'élèvent ainsi avec
promptitude, à peu près à la manière des grenouilles, car on peut dans cette position les

comparer à ces amphibies quand ils se dépêchent d'avancer dans les marais.

Lorsqu'un Brésilien se prépare à tirer, il place toujours la flèche du côté gauche de l'arc, la tenant ferme avec l'index de la main gauche, tandis que les deux premiers doigts de la droite tirent la corde en arrière ; les trois autres doigts de cette main sont simplement posés sur la corde pour aider à la tirer. L'œil se place en ligne avec la flèche, mais l'arc se tient toujours en position perpendiculaire. Il est indispensable que la flèche soit bien droite et d'un poids égal dans toutes ses parties. Pour s'assurer de la première qualité, les Indiens l'appliquent en longueur près de l'œil, et la font tourner avec promptitude entre le pouce et l'index. Il importe aussi beaucoup que les plumes de la partie inférieure de la flèche soient sur le même plan que la largeur de la pointe de taquara dont l'autre extrémité est armée. Ces sauvages ne portent pas ordinairement plus de quatre à six flèches : elles sont si longues, qu'un plus grand nombre les gênerait. La grandeur colossale de l'arc et la longueur de la flèche rendent les coups de cette arme plus forts et plus dangereux que ceux d'une flèche plus petite.

Les sauvages regardent le singe comme le gibier le plus délicat. Lorsqu'ils aperçoivent quelques-uns de ces animaux sur un arbre élevé, ils l'entourent et guettent attentivement de quel côté ils cherchent à s'échapper. Si l'arbre est très-haut, le chasseur monte sur un autre qui ne soit pas très-éloigné, et de ce point essaie de tirer une flèche. Les Botocoudys mangent presque toutes les espèces d'animaux, même celles du genre *felis* ou chat, qu'ils désignent par le nom général de *couparack*. Le jaguar ou yagouareté porte par prééminence dans leur langue le nom de *couparack gipakeïu* (grand chat). Ces sauvages mangent même le grand tamanoir (1) ; ils ne dédaignent pas non plus la chair du jacaré (*crocodilus sclerops*), très-commun dans toutes les rivières. De tous les serpens, qu'ils détestent généralement et qu'ils tuent quand ils peuvent, ils ne mangent que le kitoméniop, nommé *sucuriu* ou *sucuriuba* par les Portugais d'après la lin-

______

(1) Les Hottentots mangent aussi la chair du fourmilier du Cap (*orycteropus*).

goa geral : c'est la plus grande espèce du genre *boa ;* ils guettent le moment où ce reptile est endormi, et tâchent de lui tirer une flèche barbelée dans la tête afin de ne pas le manquer; mais ils ne peuvent le percer de cette manière que lorsqu'il est jeune. On dit qu'ils le recherchent principalement à cause de sa graisse.

Ainsi que je l'ai dit plus haut, le singe est l'animal que les Botocoudys mangent le plus volontiers : or comme par sa structure et son squelette il ressemble beaucoup à un homme, il est possible que les Européens qui trouvèrent les restes des repas de ces sauvages, les aient par méprise accusés d'aimer surtout à se nourrir de chair humaine. Au reste si, comme je le montrerai dans la suite, les Botocoudys ne peuvent pas être justifiés du reproche d'anthropophagie, il paraît pourtant certain que ce n'est point par goût qu'ils se rendent coupables de cet excès révoltant, mais que c'est seulement pour satisfaire leur soif de vengeance, et encore s'y livrent-ils assez rarement. On prétend que les Tapouyas préfèrent la chair des nègres à toutes les autres : je ne puis rien décider à cet égard : cependant on raconte aussi qu'ils regardent les nègres comme une espèce de singe, et les nomment *singes de terre.*

Les femmes prennent les animaux destinés à être mangés, les flambent, et les embrochent à un bâton fiché debout en terre près du feu. L'animal est à peine un peu rôti qu'on le déchire avec les mains et les dents, et on le dévore ainsi à moitié cru et quelquefois encore saignant. On ne jette pas les intestins que l'on a d'abord ôtés du corps; on les presse entre les doigts pour les vider, on les rôtit, puis on les mange. Les têtes sont rongées de telle manière que les os les plus durs sont brisés et sucés; en un mot les Botocoudys ne laissent rien perdre.

Ils sont très-friands de grosses larves d'insectes qui se trouvent dans le bois. Le tronc du barrigudo (*bombax ventricosa*) recèle par exemple la larve du prione cervicorne (*prionis cervicornis*), longue de près d'un doigt, et d'autres encore. Pour tirer ces larves de la moelle de l'arbre, les Botocoudys coupent des baguettes, les aiguisent par un bout, et en percent l'insecte; ils en embrochent plusieurs à un morceau de bois, les font rôtir et les mangent; c'est le hasard seul qui leur procure ce mets, car ils n'ont pas d'instrumens pour fendre les grands arbres. Ils se régalent plus fréquemment de larves plus petites, par exemple de celles du charançon palmiste (*curculio palmarum*) ; ils sont très-adroits à trouver les œufs d'oiseaux, surtout ceux des différentes espèces d'inambous ou tinamous (*crypturus*), telles que le macouca, le sabélé, le chororon et autres qui déposent leurs œufs à terre. Pour prendre le poisson, ils font, comme je l'ai déjà dit, de petits arcs longs de trois pieds à trois pieds et demi, avec les côtes des feuilles du coco de Palmitto nommé *issara* sur le Belmonte; ils les fendent et y adaptent des flèches de grandeur proportionnée, non barbelées ni empennées, et dont la pointe est lisse. Ils commencent par jeter dans les endroits où l'eau est profonde une racine d'arbre écrasée afin d'attirer ou d'assoupir le poisson. Ils manquent rarement le poisson dans l'eau; je les ai même souvent vus le frapper avec leurs grandes flèches de chasse. Les enfans surtout s'exercent à tirer sur les poissons. Ils aiment beaucoup la pêche à la ligne, qu'ils ont apprise des Portugais, et un hameçon est le présent le plus agréable qu'on puisse leur faire.

Le règne végétal ne fournit pas moins abondamment que le règne animal à la nourriture des habitans de ces solitudes. Les forêts renferment une si grande diversité de plantes, qu'un botaniste serait obligé d'y passer toute sa vie pour les bien connaître. Il y croît une quantité de fruits aromatiques, dont plusieurs, cultivés dans les jardins, deviendraient plus gros, plus succulens, plus savoureux. Les nombreuses espèces de cocotiers sauvages prodiguent leurs fruits. L'issara ou palmito donne le chou palmiste, qui est la réunion des fleurs et des feuilles non encore développées; elles sont cachées sous les feuilles au haut de la tige. Les chasseurs et les voyageurs portugais mangent aussi ce mets agréable auquel ils ajoutent un peu de sel; les sauvages ne le font pas cuire. Les Tapouyas ont appris des Européens l'usage du sel : on m'a assuré au Brésil qu'il a beaucoup diminué le nombre des indigènes. Azara pense que les Indiens qui n'emploient pas le sel y suppléent par d'autres alimens salés, par exemple, par le *barro* ou glaise salée qu'ils mangent abondamment (1) : mais celle du Brésil n'a pas le goût salin, et je n'ai rencontré chez les habitans indigènes de ce pays aucun mets salé.

------

(1) *Voyages*, tom. I, p. 55.

Pour obtenir le chou palmiste, qu'ils nomment *pontiac - ata*, les Botocoudys qui possèdent actuellement des haches abattent le palmier, opération dont les femmes sont ordinairement chargées. L'ororo, fruit du coco de Imburi, est une noix oblongue et dure qui se casse avec de grosses pierres ; le bruit que font alors les Botocoudys a souvent trahi le secret de leurs retraites aux soldats qui les cherchaient. Pour en tirer l'amande de couleur blanche, ils se servent des os des jaguars et d'autres grands animaux de ce genre, dont ils coupent obliquement l'extrémité, et l'aiguisent comme un ciseau. Il croît à la racine d'une espèce de liane des tubercules qu'ils tirent de terre et les rôtissent. Les Portugais nomment cette plante *cora-do-mato* : on dit qu'elle fournit un mets savoureux. On trouve dans les cabanes des sauvages des rouleaux d'une espèce de plante grimpante (*begonia*) qui s'entrelace autour des arbres ; les Botocoudys, après avoir mis les tiges en rouleaux comme le tabac, les font rôtir ; ils les mâchent ensuite : elle contient une moelle nourrisante et de très-bon goût, qui a entièrement le goût des pommes de terre. Les Botocoudys nomment cette plante *atcha*.

Ils cherchent soigneusement pour sa moelle douce et blanche la gousse de l'Inga, arbre très-commun dans ces forêts, surtout le long des rivières; les Européens aiment aussi ce fruit. Un autre arbre produit de même une gousse contenant des fèves qui, rôties, sont de très-bon goût; ce fruit est nommé par les Portugais *feigao do mato* (fèves de forêts), et par les Botocoudys *ouaab*. Au reste les forêts produisent en abondance d'autres fruits, tels que le maracuja (*passiflora*), l'araticum, l'araça, le jabuticaba, l'imbu, le pitanga, le sapoucaya, etc.

Les Tapouyas portent un grand préjudice aux plantations des Européens, car ils volent, quand ils peuvent, le maïs que les Botocoudys nomment *jadnirun*, le manioc et autres productions semblables. Ils aiment beaucoup les courges (*abobara*), les patates, les bananes, les papayes et autres fruits que l'on cultive : ils font bouillir les courges, et cuisent les patates dans les cendres chaudes.

Quand ils rendent visite aux Portugais dans leur quartel, ceux-ci les régalent de farinha. On avait planté du tabac dans les environs du quartel dos Arcos sur le Rio-Belmonte, mais les sauvages le volaient avant la récolte. Ils fument volontiers ; et l'on dit qu'ils ont appris cet usage des Européens. Cependant les Toupinambas de la côte orientale fumaient déjà des rouleaux de feuilles, lorsque les Portugais les visitèrent pour la première fois (1). On dit que les Tapouyas mangent sans en être incommodés la racine de mandioca brava, qui cause aux Européens un vomissement violent ; mais on ajoute qu'ils commencent par en casser un morceau, et humecter la cassure avec de la salive ; ils ne la mangent pas fraîche, et la laissent reposer pendant un jour : peut-être perd-elle, en se flétrissant, une partie de ses effets dangereux.

Il croît dans les forêts du Brésil une quantité de fruits sur des arbres très-hauts, et dont le bois est extrêmement dur. Le petit nombre de haches que les Botocoudys se sont procurées par des échanges suffiraient à peine pour abattre un seul de ces arbres ; il faut donc qu'ils y grimpent. Parmi les arbres les plus hauts de ces forêts se distingue le quatelé ou sapoucaya (*lecythis ollaria*, L.). Les Botocoudys nomment

---

(1) Le témoignage de Jean de Lery à ce sujet est positif. Voyez son *Voyage*, p. 200 ; il a déjà été cité (E).

ha son fruit, qui ressemble à une marmite et renferme des amandes tendres et de bon goût. Plusieurs animaux, entre autres les araras au bec vigoureux et les singes, n'en sont pas moins friands que les sauvages : ceux-ci ne regardent aucune peine comme trop grande pour se le procurer, car autrement rien dans le monde ne pourrait les exciter à grimper à cet arbre si haut. L'agilité avec laquelle, dans ces cas-là, ils parviennent au sommet, est réellement incroyable. Le miel sauvage est aussi fréquemment que ce fruit l'objet pour lequel ils montent aux arbres les plus hauts. Au reste ils recherchent dans cette occasion, non-seulement cette production si abondante dans ces forêts, mais surtout la cire qui leur est indispensable pour plusieurs de leurs ouvrages. Les espèces d'abeilles sauvages, dont quelques-unes n'ont pas d'aiguillon, sont extrêmement nombreuses dans les immenses forêts de l'Amérique méridionale, et donneraient beaucoup d'occupation à un entomologiste. Le miel n'est pas si doux que celui d'Europe, mais le goût en est très-aromatique ; il faut des instrumens aigus pour le tirer des branches creuses des arbres élevés,

Quoique chaque horde de Botocoudys possède aujourd'hui au moins une hache de fer, ils se servent encore du caratou qui est une hache en néphrite (1). Cette pierre est grise ou verte, et très-dure. Quand ils l'ont bien aiguisée, ils peuvent avec son secours fendre des branches et des troncs d'arbres médiocrement durs; ils la tiennent avec la main, ou bien ils l'enduisent de cire et la fixent entre deux morceaux de bois qui la serrent fortement, et forment ainsi un manche. Barrère nous apprend que les Galibis de la Guiane font usage d'une hache semblable. Les Brésiliens nomment cette pierre *corisco* (*pierre de*

***

(1) La néphrite est le jade ascien ou axinien de MM. Haüy et Brongniart, qui l'ont nommé ainsi parce qu'il ne nous est connu que sous la forme de casse-tête ou de pierre de hache que lui donnent les naturels du pays où il se trouve. C'est le *bielstein* des minéralogistes allemands. C'est la pierre dont les naturels de Tavaï Pounamou, une des deux îles de la Nouvelle-Zélande, font leurs haches, leurs ciseaux, etc., et le *takoural* pour lequel les naturels de la Guiane et surtout les Galibis ont une si grande estime; ils prisent cette pierre plus que l'or à cause des vertus qu'ils lui attribuent. M. de Humboldt pense que ces cailloux sont amenés de l'intérieur du pays par le grand fleuve des Amazones qui les charrie jusqu'à son embouchure.

tonnerre), parce qu'ils croient que dans les orages elle tombe du ciel et s'enfonce profondément en terre.

Enfin les Botocoudys mangent une fourmi à ventre extrêmement gros, nommée *tanachoura* dans Minas-Geraës ; ils font griller cette partie, et la trouvent de très-bon goût.

Tout ce que je viens de dire prouve que les Botocoudys, qui d'ailleurs ne sont pas très-délicats, ne doivent pas souvent souffrir de la faim, surtout sachant très-bien tirer parti de toutes les positions où ils se trouvent. Cependant leur appétit désordonné leur occasionne quelquefois des disettes ; alors ils viennent aux établissemens européens demander des vivres, et quand on leur en refuse ils pillent les plantations. Leurs compagnons de repas sont des chiens maigres que les Européens leur ont donnés ; ils les emploient fréquemment à la chasse, mais les nourrissent mal : ces animaux sont généralement sournois et aboient fortement après les étrangers. Les sauvages se servent surtout de gros chiens pour la chasse des pécaris, très-nombreux dans ces forêts, et que l'on arrête très-aisément de même que les sangliers d'Europe. Dès que le chien donne de la voix, le

chasseur a le temps d'arriver, de se bien pos-
ter, et de tirer une flèche à l'animal. Les gros
chiens qui se trouvent aux destacaments sont
par conséquent une des choses que les Botocoudys enlèvent de préférence.

Quand une horde de Botocoudys a tellement
épuisé un pays par la chasse, qu'elle ne peut
plus s'y procurer commodément de quoi se
nourrir, elle abandonne tout à coup ses cabanes
et va dans un autre endroit, comme font aussi
les autres sauvages. Il ne leur en coûte pas
beaucoup pour se séparer de leur demeure,
car ils n'y laissent rien qui puisse les y attacher,
et ils trouvent dans chaque endroit de la vaste
solitude de quoi satisfaire à leurs besoins. On ne
découvre d'autres traces des habitations qu'ils
ont abandonnées que des feuilles de palmier
desséchées qui formaient les cabanes ; on y cher-
che vainement des bananiers et des calebassiers,
comme les Indiens de l'Amérique espagnole,
dont parle M. de Humboldt dans son mémoire
intéressant sur les habitans indigènes de l'Amérique et sur leurs monumens (1).

____

(1) Il se trouve dans le Journal allemand intitulé *Neuer
Berlinischer Monathsschrift*, mars 1806, p. 180.

Lorsque la troupe s'en va, les femmes mettent leurs meubles et leurs ustensiles peu nombreux dans des sacs de voyage faits de cordons
entrelacés ; elles les portent généralement sur
le dos, au moyen d'une bande qui passe sur le
front, et leur poids est souvent augmenté par
celui d'un enfant posé par-dessus. Ils sont remplis de morceaux de taquara pour faire des
pointes de flèches, de boucliers de tatou, de
carapaces de tortues, de rocou pour peindre,
d'estopa ou écorce d'arbre pour faire les cou-
chures, d'os d'animaux pour manger les cocos,
d'un ciseau gros et lourd pour les ouvrir, de
cordons de gravatha et de tucum, de cire en
grosses boules, de colliers faits comme des chapelets, de bois pour les botoques de la bouche
et des oreilles, de vieux chiffons et d'autres
objets semblables. Je rencontrai un jour un de
leurs chefs en voyage : chargé de deux sacs
très-pesans, il portait sous un bras un gros et
lourd paquet de flèches, d'arcs, de roseaux
pour les flèches, et de gros gobelets de taquarassu. Une troupe chargée de cette manière, et
composée d'hommes, de femmes et d'enfans,
passa un bras du Rio-Belmonte dont l'eau allait jusqu'aux hanches des grandes personnes.

Une femme pesamment chargée portait sur ses épaules un petit enfant, et en menait par la main un plus grand qui en avait un plus petit sur les épaules ; l'eau lui allait jusque là, de sorte que les pieds de l'autre petit garçon y trempaient.

Ils emportent aussi dans leurs voyages toutes sortes de provisions, par exemple, des fruits et de la viande. L'homme marche à côté de sa femme, ne tenant à la main que son arc et ses flèches. Lorsque les rivières ne sont ni trop larges ni trop rapides, ils les passent sur des ponts de lianes tressées qu'ils ont préparées exprès dans chaque endroit : ces ponts sont très-simples, et ne consistent qu'en longs cipos tendus un peu lâchement au-dessus de la surface de l'eau. Toute la troupe marche sur ce pont en se tenant par la main à une autre liane tendue un peu plus haut (1). Dans le voisinage du quartel dos Arcos, où la rivière décrit plusieurs sinuosités, se trouve un banc de sable étroit nommé *coroa*

______

(1) M. de Humbold a aussi trouvé chez les Indiens de l'Orénoque des ponts faits avec des lianes.

Ansichten der Natur, p. 294.

Tableaux de la Nature, tom. II, p. 186.

do gentio (banc des sauvages), sur lequel les Botocoudys passent sans pont. Ils n'ont ni pirogues ni embarcations quelconques, tandis que les Indiens côtiers en fabriquaient d'écorce d'arbre dès le temps de la découverte du Brésil par Cabral. Avant que les Portugais eussent établi des quartels ou postes militaires sur les fleuves de l'intérieur, les Botocoudys ne savaient traverser que les petites rivières dans les endroits les plus étroits; ils pouvaient les passer à la nage, mais non pas avec leurs bagages : ils ont depuis essayé de construire des pirogues sur le Rio-Doce et sur le Belmonte ; on les a vus naviguer d'un bord à l'autre de ces rivières dans des espèces d'auges creusées dans des troncs de barrigudo, qu'ils dirigeaient avec un morceau de bois ; on dit même qu'on leur a vu sur la première de ces rivières une pirogue assez mal construite ; cependant ils n'en possèdent aucune.

Un homme a ordinairement autant de femmes qu'il en peut nourrir : leur nombre se monte quelquefois à douze ; je n'ai cependant pas vu d'homme qui en eût plus de trois ou quatre. Les mariages se contractent sans la moindre cérémonie ; le consentement des époux et celui des parens suffisent ; mais ils se rompent avec la même facilité. Une femme peut, pendant l'absence de son mari, fréquenter un autre homme qui aura fait une chasse abondante ; cet abandon n'entraîne pas pour elle des suites désagréables ; cependant si le mari rencontre un autre homme chez sa femme, il se venge ordinairement de cette infidélité en l'accablant de coups, et dans sa colère saisit pour la battre le premier objet qui lui tombe sous la main, même un tison ardent ; le corps des femmes en offre de nombreuses traces. Dans ces occasions, beaucoup d'hommes font usage de leurs couteaux, et déchiquettent les bras et les cuisses des femmes de telle manière que, plusieurs années après, on y voit des cicatrices longues de six à huit pouces, larges d'un pouce, et souvent très-rapprochées l'une de l'autre. Le capitam Gipakeiu coupa une fois à une de ses femmes tout le tour de l'oreille, et la saillie de la lèvre produite par la botoque ; les dents de la mâchoire inférieure de cette malheureuse restèrent ainsi à découvert, et elle fut défigurée d'une manière horrible.

Les mariages des Botocoudys sont quelquefois très-féconds. Ils aiment beaucoup leurs enfans

tant qu'ils sont petits , et en ont un grand soin.
Plusieurs auteurs, et surtout Azara, ont attribué
aux peuples de l'Amérique méridionale un usage
d'une cruauté qui révolte la nature, et dont on
ne trouve pas la moindre trace chez les Tapouyas
de la côte orientale du Brésil , quoiqu'ils soient
encore au degré le plus bas de la civilisation.
Selon Azara les femmes des Guanas enterrent
toutes vives la plupart des filles dont elles viennent d'accoucher (1): les Botocoudys frémis-
sent d'horreur à la seule idée de cette action.
Azara dit encore que les femmes des Mbayas
ont adopté la coutume barbare et presque incroyable de n'élever chacune qu'un fils ou
qu'une fille et de tuer tous les autres enfans.
Pour se faire avorter elles s'étendent toutes
nues à terre, et d'autres femmes leur appliquent
sur le ventre de grands coups de poing jusqu'à
ce que le sang commence à sortir (2). Ce procédé inhumain est entièrement inconnu des Botocoudys ; il ne souille pas leurs forêts. Azara
ajoute que les femmes des Guaicurus, des Lengoas et des Machicuys ne conservaient que leur

____

(1) *Voyages*, tom. II, p. 93.
(2) *Ibid.*, p. 116.

dernier enfant (1), et que de son temps il n'en existait plus qu'un seul homme (2). Quoique je ne regarde pas ces faits comme inventés à plaisir, il me semble pourtant qu'ils doivent être fondés sur des observations incomplètes ou sur des récits inexacts; car dans les forêts du Brésil oriental, parmi les sauvages les plus farouches et les plus insensibles qui rôtissent et mangent avec une indifférence complète la chair de leurs ennemis, je n'ai ni observé ni entendu citer rien de semblable.

Les Botocoudys donnent à leurs enfans des noms tirés de qualités physiques, d'animaux, de plantes et autres choses semblables : par exemple *ketom-koudgi* (petit œil), *coupilik* (singe barbu). Ils les traitent généralement avec bonté, c'est-à-dire qu'ils leur laissent faire toutes leurs volontés ; toutefois si les cris de ces marmots les impatientent, ils les prennent par le bras et les poussent loin d'eux, et même les frappent avec la main ou avec un bâton. Les femmes, comme toutes celles des sauvages, accouchent

---

(1) *Voyages*, tom. II, p.14.
(2) *Ibid.*, p. 152 et 156.

très-aisément ; on ne voit parmi eux aucun individu contrefait.

Les Botocoudys ne sont pas étrangers à la
pitié pour les orphelins et pour les vieillards
infirmes. Au quartel dos Arcos on a vu un jeune
homme de cette nation conduire avec une attention soigneuse son vieux père aveugle et ne
pas l'abandonner. Un de leurs chefs témoigna
une joie très-vive de ce qu'on lui ramenait son
fils âgé de dix-huit ans qui avait resté long-
temps chez les Portugais ; il le pressa contre
son sein et versa même des larmes. Je n'ai pas
remarqué d'ailleurs, ni en cette occasion ni dans
d'autres, chez les Botocoudys, la coutume de
se tâter réciproquement le pouls du poignet,
comme le raconte M. Sellow. Les sauvages semblent montrer plus d'indifférence pour les enfans déjà un peu grands ; j'en ai cité un exemple frappant au sujet des Pourys de San-Fidelis
sur le Paraïba ; ce fait est parfaitement conforme au caractère de l'homme dans l'état de
nature brute, et les Botocoudys ne sont pas
aussi sensibles que La Fiteau les a dépeints dans
le récit d'un prisonnier du Brésil (1). On ne

____

(1) Southey, *history of Brazil*, tom. I , p. 642.

trouve nulle part chez les sauvages des traces d'une sensibilité si exquise. Il ne faut pas chercher chez l'homme de la nature ces émotions douces, ces sentimens tendres qui sont chez nous le produit de la civilisation et de l'éducation ; mais il ne faut pas croire non plus que la prérogative par laquelle la nature a distingué l'homme de la brute puisse être entièrement étouffée chez les sauvages.

Dans leurs momens de loisir, les Botocoudys se divertissent à chanter et à plaisanter ; c'est surtout ce qui arrive après une chasse abondante ou un combat heureux. La musique est encore au berceau chez eux. Le chant des hommes ressemble à un bruit inarticulé qui monte et descend constamment sur trois ou quatre notes et sort du creux de la poitrine ; ils se mettent le bras gauche sur la tête, ou bien se bouchent les deux oreilles avec les doigts, surtout quand il se trouve des spectateurs autour d'eux, et ouvrent démesurément leur bouche défigurée par la botoque. Les femmes chantent moins haut et moins désagréablement, mais ne font entendre de même qu'un petit nombre de tons qui se répètent continuellement. On dit qu'ils mettent quelquefois à leurs airs des paroles sur leurs guerres ou sur leurs chasses ; mais tout ce que j'ai entendu ne m'a semblé être qu'un bourdonnement sans paroles.

La langue des Botocoudys diffère beaucoup de celle de toutes les tribus voisines. Le son nasal y est très-commun ; elle manque du son guttural : elle est pauvre comme celle de tous les peuples sauvages; le même mot a plusieurs significations. Voici leurs noms de nombre : *mokenam* (un) *hentiata* (deux) *ourouhou* (plus ou plusieurs) (1); ensuite ils s'aident des doigts et des oreilles. Ils prononcent du nez beaucoup de syllabes, par exemple *bacan* (chair); *an* dans ce mot sonne confusément dans le palais comme *oun*, et *l'n* final se prononce à peu près comme en français.

On dit que pour rendre une fête complète les hommes et les femmes se mettent en rond et dansent; mais Quêck, mon Botocoudy, m'assura

---

(1) Chez les Arouakanes de la Guiane cette idée s'exprime par le mot *oujouhou*, qui ressemble à *ourouhou*. On retrouve en général sur la côte de la Guiane un grand nombre de mots brésiliens, parce que beaucoup d'Indiens de l'Amérique espagnole se sont retirés dans ce pays. (Voyez *Relation de la France équinoxiale*, par Barrère.)

qu'il n'avait jamais assisté à ces sortes de danses. Au reste ils ont d'autres jeux et d'autres
exercices; ils se font quelquefois des flûtes
de Taquara, qui ont des trous à la partie inférieure. Ce sont les femmes qui en jouent; on
n'a pas observé d'autres instrumens de musique
parmi eux. Le missionnaire Weigl parle de
flûtes semblables qu'il a vues chez les peuples de
Maynas ; Barrère et Quandt les ont retrouvées
en Guiane. Les enfans et les jeunes gens s'amu-
sent, ainsi que je l'ai dit plus haut, à tirer de
l'arc ; on aperçoit parmi les hommes faits des
traces de jeu de ballon. Ils prennent la peau du
paresseux, qu'ils nomment *iho*, en retranchent
la tête et les membres, cousent les ouvertures,
et la rembourent de mousse. L'assemblée se forme
en cercle , et l'on se pousse le ballon les uns aux
autres sans le laisser tomber à terre. Quelquefois ils jouent dans les rivières. Une douzaine
ou un plus grand nombre de femmes luttent
en nageant avec trois à quatre hommes et tâchent
de se faire mutuellement plonger ; on admire
dans cet exercice leur adresse à nager. Quoique la plupart des peuples sauvages y soient très-
habiles, il n'est cependant pas juste de dire,
comme le prétend Azara en parlant des Gua-

ranis, qu'il savent nager naturellement comme les quadrupèdes (1). Southey n'est pas plus fondé à avancer que les Aymorès ne savaient pas nager (2). De toutes les tribus indigènes du Brésil il n'y en a certainement aucune qui ne possède ce talent; il faudrait pour qu'elle y fût étrangère qu'elle vécût dans un désert aride et absolument dépourvu d'eau. L'opinion de Southey, copiée dans d'autres auteurs, vient de ce que les Aymorès, comme les autres tribus, n'avaient pas de pirogues, et qu'une rivière rapide mettait à l'abri de leurs attaques.

Je n'ai jamais vu les jeux des Tapouyas donner naissance à des disputes, à des querelles, à des batteries. Leurs combats entre eux ont d'autres causes; j'ai parlé de celui dont je fus témoin, et qui avait été occasionné par un empiétement sur un territoire de chasse, chaque troupe ayant le sien. Des combats en règle, tels que celui que j'ai décrit, et auxquels toute la horde ou la famille prend part, peuvent aussi avoir pour motif une injure grave faite à un de ses membres. Souvent des querelles domesti-

---

(1) *Voyages*, tom. II, p. 68.
(2) *History of Brasil*, tom. I, p. 282.

ques sont la cause des batteries : les enfans, par exemple, ont faim et tourmentent par leurs cris et leurs pleurs la femme qui fait rôtir la viande. Le père arrive, les cris l'ennuient, il bat les enfans; la mère les défend : le mari se met en colère, et donne une volée de coups à sa femme; les parens surviennent, se mêlent de la dispute, et arrangent un giacacoa ou combat à coups de bâtons; souvent des hordes ou des tribus y prennent part. La bataille terminée, l'homme et la femme se séparent; celle-ci garde les enfans, et son père la nourrit. Les hommes colères reçoivent leur punition par leur défaut même; ils trouvent difficilement une femme. Ces combats en entraînent souvent d'autres à leur suite. Des différends plus importans exigent que toute la tribu s'en mêle, et il en résulte une guerre.

Les Botocoudys, très-nombreux, ayant la confiance de leur force, turbulens, aimant la liberté, n'étaient jamais long-temps en paix avec leurs voisins. Dès les premiers temps de la découverte du Brésil on y trouva, de même que dans tous les pays du monde, les tribus des sauvages continuellement en guerre les unes avec les autres. Les Botocoudys vivaient dans un état d'hostilité permanent avec leurs voisins, et ils avaient généralement l'avantage, parce qu'ils étaient plus forts et que leur réputation de cannibales les rendait extrêmement redoutables. Ils repoussèrent dans les hautes montagnes de Minas-Geraës et de Minas-Novas d'autres hordes de sauvages qu'ils exterminèrent presque entièrement, entre autres les Malalis dont le reste se sauva sous la protection du quartel de Passanha sur le Rio-Doce supérieur. Les Maconis, assez nombreux, leur opposèrent plus de résistance; des hommes dignes de foi m'ont assuré que cette tribu a pris des demeures fixes et est presque entièrement baptisée. Elle passait pour une des plus belliqueuses, et sur le Rio-Doce on donnait de grands éloges à sa bravoure; on y regardait ces Maconis comme une branche des Botocoudys, ce qui n'est pas exact, car ils en diffèrent absolument par le langage.

Le long de la côte maritime les Botocoudys sont en guerre avec plusieurs peuplades, surtout avec les Patachos et les Machacalis; plus avant dans l'intérieur avec les Panhamis et quelques autres qui ont en partie disparu, par exemple les Capouchos. Ces dernières, étant plus faibles, se sont réunies entre elles contre les Botocoudys.

Les Tapouyas se livrent même des combats

terribles entre eux lorsqu'ils se rencontrent en troupes. Ils emploient dans ces occasions tout leur art pour la chasse et toute leur finesse, mais ils sont naturellement plutôt trompés par les ruses de leurs compatriotes que par celles des blancs. Un combat furieux a lieu ordinairement : chaque parti tire toutes ses flèches à l'autre; ainsi le plus nombreux doit, dans la règle, rester vainqueur. Un cri horrible accompagne chaque attaque, et quand on en vient aux mains de plus près, les combattans se servent de leurs dents et de leurs ongles. Lery donne dans ses figures en bois un tableau frappant d'un de ces combats entre les Toupinambas et les Margayas (1); il est encore fidèle aujourd'hui. Le parti vainqueur poursuit les vaincus, et, du moins chez les Botocoudys, fait rarement des prisonniers ; on prétend cependant en avoir vu quelques-uns, sur le Rio-Belmonte, qui travaillaient comme esclaves. Quand les Botocoudys rencontrent les Patachos, qu'ils nomment *Nampourouck*, ou les Machacalis (*Mavon*), leurs ennemis, ils tuent tout, hommes, femmes, et jusqu'aux enfans. Quelques

---

(1) *Voyez* p. 209, et tout le chapitre XIV.

hordes rôtissent et mangent la chair des vaincus, à l'exception de la tête et du ventre qu'elles
jettent. Les Botocoudys que je vis sur le Belmonte inférieur m'assurèrent que lorsqu'ils
tuaient un Patacho grimpé sur un arbre ils le
laissaient pourrir à terre où il tombait ; mais le
récit du jeune Quêck dément cette assertion.
Plusieurs hordes de cette tribu errent le long
du Rio-Grande de Belmonte ; quelques-unes vivent en paix avec les Portugais : telles sont les
bandes des capitains Gipakeiu (Mariênghiêng),
Jéparack, June (Kerengnatnouck), et quelques
autres, que l'on peut suivre sans crainte dans
les forêts.

Ils se plaignent tous d'un certain chef nommé
Jonué Iakiiam. Celui-ci erre ordinairement sur
la rive septentrionale du Rio-de-Belmonte, à
peu près à huit jours de route au-dessus de l'île
Cachoeïrinha, près du Cachoeïra-do-Inferno
(saut d'enfer). Il n'a jusqu'à présent voulu écou-
ter aucune proposition de paix. Ses compatriotes
l'ont nommé *Iakiiam* (le belliqueux), à cause
de son caractère vaillant. Ses gens ont quelquefois fait signe aux canots qui passaient de
s'approcher, puis les ont accueillis à coups de
flèches. Les Botocoudys pacifiques, qui vivent

dans le voisinage du quartel dos Arcos craignent extrêmement ce chef farouche et intraitable ; ils disaient quelquefois aux Portugais : « Nous mangerons Jonué quand on le tuera ; » propos qui prouvait leur haine contre lui. Mais Kerengnatnouck avait des motifs particuliers de le haïr, Jonué ayant tué à cause d'une hache un des frères de celui-ci occupé à recueillir du miel sur un grand arbre. Grâces aux mesures sages et humaines et aux efforts du comte d'Arcos, gouverneur de la capitainerie de Bahia et aujourd'hui ministre de la marine, la guerre a cessé avec les Botocoudys sur le Rio-Belmonte ; ainsi l'on peut en parcourir la plus grande partie en toute sûreté. Il n'en est pas de même sur le Rio-Doce où les sauvages ont souvent été défaits, et où néanmoins ils ont de nouveau menacé et inquiété les colons en 1816.

La guerre contre les sauvages se fait par les chasseurs et les troupes légères dans les forêts. On défend une partie des soldats contre leurs flèches, par les gibaos d'armas ou cuirasses, que j'ai déjà décrites.

Les sens des sauvages, exercés constamment dès l'enfance, sont d'une finesse extraordinaire. On dit qu'ils reconnaissent à leurs traces les différentes peuplades, devinent par l'odorat le chemin qu'elles ont pris, et se fraient en conséquence des sentiers bien éclaircis pour les atteindre. Quand ils observent que des ennemis rôdent dans les environs, comme font ordinairement les soldats des destacamens, ils plantent quelquefois de petits pieux aiguisés dans ce sentier, et restent derrière aux aguets ; ils se tiennent de même en embuscade derrière des arbres abattus ou tout autre abri : le voyageur qui passe tranquillement son chemin sans se douter du danger est, dans ce cas, infailliblement percé de leurs flèches. Quand ils ont tenté une attaque contre les postes militaires ou les établissemens européens, on laisse ordinairement passer trois à quatre jours avant de rien entreprendre contre eux ; ils prennent ainsi une certaine assurance qui donne la facilité de tomber sur eux avec plus de certitude. Les soldats qui marchent contre eux dans les forêts reçoivent une livre de poudre et quatre livres de gros plomb, car on tire rarement à balles ; ils ont un fusil sans baïonnette, et ordinairement au côté une grande serpe (façao), sur le dos un long havresac qui contient un quart et demi de farinha, un gros morceau de rapadoura, ou sucre brun et grossier ; douze livres de viande salée : cette provision est pour douze jours. La troupe, marchant avec précaution et suivant les traces des sauvages, s'approche peu à peu du lieu de leur demeure. Quand on a découvert leurs cabanes, qui sont souvent en assez grand nombre près les unes des autres, on les entoure, surtout si c'est le soir, puis on se repose et on attend, sans faire le moindre bruit, le retour du jour ; on a surtout, en faisant ce blocus, à se garder des chiens et des pécaris apprivoisés que les sauvages, pour leur sûreté, attachent à des arbres à une certaine distance de leurs cabanes. Les chiens aboient, les pécaris grognent de toutes leurs forces quand ils éventent quelque chose d'étranger. Dès que le jour commence à poindre, les soldats se postent deux à deux en cercle, autant qu'ils le peuvent derrière de gros arbres, et attendent qu'il fasse assez clair pour pouvoir viser avec sûreté ; ensuite ceux qui ont des cuirasses s'avancent et commencent l'attaque. S'ils arrivent aux cabanes sans avoir été aperçus, ils font feu sur les sauvages endormis ; aux premiers coups tout est dans l'alarme, les cris, les hurlemens se font entendre : hommes, femmes, enfans,

tout est tué impitoyablement sans distinction
d'âge ni de sexe. Les hommes saisissent quand
ils le peuvent leurs arcs et leurs flèches pour se
défendre ; mais ils succombent généralement
par l'inégalité des armes. L'air épais et humide
produit par la rosée de la nuit, et entretenu par
les buissons voisins, empêche la fumée de la
poudre de s'élever, de sorte qu'elle enveloppe
au loin la forêt d'un gros nuage.

La cruauté des soldats dans ces rencontres
surpasse tout ce qu'on peut imaginer. Dans la
dernière attaque qui avait précédé mon arrivée
à Linharès, une femme ne voulut pas se rendre ; elle cherchait à se défendre en mordant et
en égratignant. Un soldat lui fendit le crâne
d'un coup de façao, qui blessa aussi à la tête le
petit enfant qu'elle portait sur le dos. Cependant on conserva celui-ci, et nous le vîmes à
Linharès chez M. Joào Filippe Calmon. Au
reste l'issue de ces rencontres n'est pas toujours favorable aux soldats. A l'avant-dernière
attaque, au mois d'octobre 1816, près de Linharès, que le guarda Mor entreprit avec trente
soldats, la pluie empêcha les armes de partir ;
plusieurs Botocoudys s'échappèrent, et trois
soldats, malgré leurs cuirasses, furent blessés

aux mains et aux bras qui n'étaient pas couverts, mais un grand nombre de flèches rebondirent contre cette armure. On tua en cette occasion une dixaine de sauvages, parmi lesquels se trouva leur chef, reconnaissable à ses cordons de plumes. Quand les soldats sont vainqueurs et les sauvages en fuite, on coupe les oreilles aux morts : trophée barbare, qui, suivant ce que l'on nous raconta, avait récemment été envoyé au gouverneur à Villa-de-Victoria; on y avait joint beaucoup d'arcs et de flèches ramassés sur le champ de bataille.

Si les sauvages sont instruits à l'avance de l'approche des soldats, les choses se passent d'une manière bien pire pour ceux-ci, car ils tombent aisément dans les embuscades qui leur sont tendues. Les sauvages, cachés derrière des abattis qu'ils nomment *tocayas*, peuvent voir et tirer de tous côtés; ils arrangent même le feuillage de telle sorte que leurs guerriers se placent par derrière en plusieurs troupes, et sont couverts par les troncs des arbres. Les sauvages ne combattent jamais en rase campagne; ils n'ont pas le vrai courage; ils n'obtiennent leur victoire que par la ruse et la supériorité du nombre. On frémit d'horreur à la seule idée de tomber entre les mains de ces barbares impitoyables, qu'un désir de vengeance juste et immodéré rend encore plus furieux ; ils découpent la chair de leurs ennemis, la font cuire dans des marmites ou bien rôtir ; ils fichent la tête au bout d'un pieu, et dansent à l'entour en chantant et hurlant en signe de réjouissance. Après avoir nettoyé les os de leurs ennemis, ils les suspendent quelquefois à leurs cabanes en signe de triomphe, comme Barrère nous l'apprend des peuples de la Guiane.

Les Européens sont encore trop faibles dans les immenses solitudes de la côte orientale ; si les sauvages étaient unis entre eux, s'ils joignaient leurs forces pour repousser l'ennemi commun, toute cette étendue de pays ne tarderait pas à tomber de nouveau dans leurs mains, surtout plusieurs d'entre eux s'étant échappés des villes où ils ont été élevés, et connaissant bien le petit nombre des Européens. En voici un exemple : un Botocoudy qui vivait dans les forêts voisines de Linharès avait été élevé chez les Portugais sous le nom de Paul. Un jour que les soldats attaquaient les cabanes de ses compatriotes, il cria aux premiers en portugais : « Ne tuez pas

Paul; » mais on le trouva ensuite parmi ceux qui étaient restés sur la place.

Lorsque les Tapouyas en ont le temps, ils chargent sur leur dos leurs tués et leurs blessés pour les mettre en sûreté ; quelquefois ce soin les occupe trop long-temps, et beaucoup perdent ainsi la vie. Les Botocoudys se peignent le corps en rouge et en noir pour combattre. Quiconque n'a pas été témoin d'une scène semblable doit éprouver une impression de terreur de voir ces sauvages faire leur attaque en poussant des cris affreux, et le visage barbouillé d'un rouge ardent. Ils tombèrent ainsi à l'improviste, il n'y a pas long-temps, sur le quartel segundo de Linharès ; mais un mineïro résolu, qui commandait en qualité de sous-officier, les repoussa. Tout ce que je viens de dire des guerres, de la chasse et des mœurs des Botocoudys en général, s'applique plus ou moins à toutes les tribus des indigènes de la côte orientale du Brésil.

Tous les anciens voyageurs ont presque unanimement accusé la plupart des peuples du Brésil d'anthropophagie ; peut-être en ont-ils inculpé plusieurs à tort ; car, ainsi que je l'ai observé plus haut, des membres de singes desséchés ressemblent beaucoup à ceux d'un homme, et peuvent ainsi être confondus avec eux. Il en est peut-être de même de la chair que Vespuce trouva dans les cabanes des sauvages. Mais on a avec raison attribué cette coutume barbare à plusieurs tribus du Brésil. Les Toupinambas et les autres sauvages de la côte, qui sont de leur race engraissaient leurs prisonniers, puis les tuaient avec l'ivéra-pemmé, massue parée de toutes sortes d'ornemens (1). Celui qui avait donné le coup de la mort était ensuite obligé de rester dans son hamac sans rien faire, et afin que les bras qui avaient frappé conservassent leur dextérité, ils tiraient avec de petits arcs et de petites flèches contre une masse de cire(2). Aujourd'hui toutes lestribus des Toupys sont civilisées ; ainsi le reproche d'anthropophagie ne s'applique plus qu'à quelques tribus de Tapouyas, c'est-à-dire aux Botocoudys et aux Pourys. Il est douteux qu'ils

---

(1) Voyez *la relation d'Hans-Staden*, cxxviii. Les femmes jouaient le principal rôle dans ces occasions. Barrère raconte que les femmes de la Guiane ne se conduisaient pas de même, car elles témoignaient leur déplaisir quand les hommes se repaissaient de ces mets horribles, p. 172.

(2) Hans-Staden, *Ibid.*

dévorent la chair humaine par goût, comme l'ont prétendu quelques auteurs, puisqu'ils laissent vivre des prisonniers. Mais il est de même très-certain que par un désir de vengeance féroce ils mangent la chair de leurs ennemis tués dans le combat; l'exclamation de ceux qui en voulaient à Jonué prouve suffisamment ce fait.

Quand on questionnait les Botocoudys du Belmonte sur cet usage horrible, ils répondaient toujours qu'il ne régnait pas chez eux, mais ils avouaient que plusieurs de leurs compatriotes, et entre autres Jonué, le pratiquaient encore : en effet que serait devenue le chair des parties qu'ils avaient soigneusement coupées aux corps des ennemis qu'ils avaient tués? Au reste, je l'ai déjà dit, tous mes doutes à cet égard ont été levés par Quêck, le jeune Botocoudy que j'avais emmené avec moi. Il avait long-temps hésité à m'avouer la vérité; mais il finit par en convenir quand je lui assurai que je savais que sa horde, sur le haut Belmonte, avait depuis long-temps renoncé à cet usage. Alors il me raconta ce que je vais répéter d'après lui, et on peut d'autant moins douter de la vérité de son récit, qu'il a été plus difficile de la lui arracher. Le chef Jonué Coudgi, fils du fameux Jonué Iakiiam, avait fait un Patacho prisonnier. Toute la bande se rassembla, le Patacho fut amené les mains liées, et Jonué Coudgi lui tira dans la poitrine une flèche qui le tua. On alluma du feu, on coupa les cuisses, les bras, et toutes les parties charnues du corps, on les fit rôtir, tous les Botocoudys en mangèrent, puis se mirent à danser et à chanter. La tête fut suspendue à un pieu par un cordon qui, entrant par les oreilles et sortant par la bouche, donnait la facilité de la hausser et de la baisser; ensuite les jeunes gens tirèrent contre ce but avec leurs flèches. On la laissa sécher après en avoir enlevé les yeux et coupé les cheveux à l'exception d'une touffe sur le sommet du crâne (1). Quêck me raconta aussi que Macann, Botocoudy très-connu, ayant tué un Patacho, celui-ci avait été dévoré.

La manière dont ces sauvages, dans leurs fêtes de cannibales, suspendent la tête de leurs ennemis morts, fournit des éclaircissemens sur

----

(1) Les peuples de la Guiane mettent la tête des principaux prisonniers en haut du Karbet, comme un trophée de guerre. Barrère, p. 171.

la destination de celle qui se trouve dans la collection de M. Blumenbach. J'ai déjà parlé de
de cette momie au sujet des ouvrages en plume
des sauvages du Brésil. Il paraît qu'elle a été,
dans une fête semblable, suspendue à un cordon qui passait par la bouche et les oreilles.

Plusieurs de ces peuplades, qui autrefois dévoraient hardiment le corps de leurs ennemis
morts, ont renoncé à cette coutume barbare,
surtout dans les endroits où elles vivent en paix
avec les Européens. L'opiniâtreté avec laquelle
les Botocoudys du Belmonte repoussent le reproche de manger de la chair humaine, adressé
à leur horde, prouve même qu'ils ont senti enfin combien cet usage atroce était dégra-
dant. On peut donc se flatter de l'espoir de voir
ces indigènes de l'Amérique méridionale, qui
nous ont montré l'homme dans l'état de la bar-
barie la plus grossière et au degré le plus bas
de l'état social, faire graduellemen t des progrès vers la civilisation.

Les maladies sont extrêmement rares parmi
les Tapouyas. Nés au grand air, élevés sans
vêtemens, accoutumés à toutes les variations du
climat équatorial, à la chaleur brûlante des jours,
au froid et à l'humidité des forêts et des nuits,

leur corps endurci supporte toutes les impressions de l'atmosphère, et leur manière de vivre simple et uniforme les préserve des maux qui sont un résultat inévitable de la civilisation. Des bains fréquens et l'exercice continuel de leurs forces donnent à leur corps un degré de perfection dont nous connaissons à peine le nom. L'expérience leur a enseigné divers remèdes contre les blessures et même contre les maladies internes; la connaissance de ces remèdes intéresserait peut-être notre pharmacopée. Les forêts du Brésil sont remplies de plantes aromatiques d'une vertu énergique; beaucoup d'arbres produisent des baumes excellens; par exemple le copaier ou copaïva, nommé *copauba* sur la côte orientale, (*copaifera officinalis*) donne le baume de copahu, et le cabureïba ou mirosperme péruvifère (*myroxylon peruvianum*), le baume du Pérou; plusieurs fournissent un suc laiteux employé soit comme poison, soit comme remède. Des familles entières de plantes présentent des écorces salutaires; par exemple les différentes espèces de cinchona, dont plusieurs croissent peut-être dans ce pays. On dit que les sauvages connaissent toutes les plantes qui agissent sur l'économie animale, et leur ont donné des noms. Le jugement des vieillards décide surtout de leurs vertus. Il n'est pas facile de connaître les remèdes des sauvages, car ils en font un secret. Leur demande-t-on s'ils peuvent guérir telle ou telle maladie, « viens dans nos forêts, répondent-ils, nous essaierons. » Voici un fait dont on m'a à plusieurs reprises attesté la vérité. Un Indien qui demeurait à Trancozo souffrait beaucoup d'une descente ; les Patachos l'emmenèrent dans leurs forêts, et le guérirent radicalement en trois mois. Il m'a raconté que ces sauvages lui placèrent la tête dans une fourche de bois, et après lui avoir remis les intestins à leur place, ils posèrent sur la partie malade le suc d'une certaine plante bouillie à consistance d'écume, et tirèrent un de ses pieds de côté. Après qu'il eut passé quelque temps dans cette position gênante, ils le couchèrent alternativement sur le dos et sur le ventre, et lui appliquèrent pendant long-temps des compresses de la même plante. Quand ils veulent tirer du sang d'une partie malade, ils la frappent avec le cançançao (*jatropha urens*) qu'ils nomment *giacoutactac*, ou avec une espèce d'ortie, pour y produire une inflammation; puis ils font avec une pierre ou un couteau un grand nombre d'incisions d'où sort beaucoup de sang.

Dans un voyage que M. Freyreiss fit à Minas-Geraës, il observa chez les Coroados une manière très-remarquable de saigner. Le médecin se servit d'un arc et d'une flèche de très-petite dimension et armée d'une pointe de verre qu'il avait enveloppée de coton (1), il n'en avait laissé sortir que ce qu'il fallait pour pénétrer dans la veine; il l'ouvrit par un coup de flèche (2). M. Freyreiss vit aussi guérir par la même occasion une jeune fille qui probablement souffrait des suites d'un refroidissement. On avait fait rougir une grosse pierre, et on versait continuellement de l'eau dessus. La malade se plaça aussi près qu'elle put au-dessus de l'endroit échauffé, ne tarda pas à transpirer fortement par l'effet de la vapeur qu'elle recevait, et recouvra la santé (3).

Les Tapouyas guérissent les blessures externes très-sûrement et avec beaucoup d'adresse, en

____

(1) *Journal von Brasilien*, tom. I, p. 2.

(2) Lionel Wafer décrit la manière dont se fait cette opération. *Voyage*, p. 29.

(3) *Journal von Brasilien*, tom. I, p. 106,

mâchant certaines plantes et les appliquant sur la plaie; mais leur nature saine et la force de leurs muscles doivent contribuer le plus à la guérison. Un jeune Machacali qui appartenait à M. Marcelin da Cunha, ouvidor de Caravellas, m'offrit l'exemple d'une plaie remarquable très-bien guérie. Un tapir blessé par les sauvages avait passé devant le jeune homme qui l'irrita davantage par un coup de flèche, alors l'animal le poursuivit, le saisit avec les dents, et lui déchira tout le côté. La blessure commençait au milieu de la poitrine, et se prolongeait tout autour de l'omoplate jusqu'au dos; elle avait été recousue, et les chairs avaient bien repris.

On dit que les sauvages guérissent très-bien les morsures des serpens, et l'on m'a même assuré que parmi eux personne ne meurt de cet accident. Le jeune Quêck n'était pas d'accord sur ce point avec les Portugais, car il prétendait que les Botocoudys du Belmonte ne connaissent aucun remède contre cette morsure et que beaucoup en meurent. Selon lui, leur seul expédient en ce cas est de faire avec un pohuit ou collier une ligature autour de la partie mordue, qui est ordinairement le pied.

Parmi les maladies des enfans il faut surtout

faire mention des résultats de la manie de manger de la terre. Quelquefois la faim les oblige à mettre de la glaise dans leur bouche et à l'avaler; les parens les punissent quand ils les surprennent, mais les enfans trouvent l'occasion de satisfaire en secret cet appétit dépravé. Ils ont alors le teint d'un jaune sale, le corps maigre, le bas ventre très-gros, et généralement ne poussent pas leur carrière bien loin. La glaise qu'ils mangent est ordinairement rouge, jaunâtre ou grise. Elle doit différer beaucoup de la terre que M. de Humboldt trouva chez les Ottomaques et dont ce peuple se nourrit habituellement. A la Conception di Uruana, frère Ramon Bueno, moine très-intelligent qui avait vécu douze ans parmi ces Indiens, assura à ce célèbre voyageur qu'il n'avait remarqué aucune altération dans leur santé pendant tout le temps qu'ils mangeaient de la terre, quoique dans la saison des pluies elle fût leur principal aliment (1). Cependant M. de Humboldt croit que cette nourriture est nuisible, et je puis assurer

---

(1) *Ansichten der Natur*, pag. 145.

Tableau de la nature, tom. I, p. 40 et 191.

qu'elle produit chez les Brésiliens les mêmes effets désastreux que l'on a observés en Afrique et dans les Indes orientales (1).

Les sauvages s'imaginent guérir les maux de ventre en frottant cette partie avec les carapaces des tatous et des tortues. Les défauts de la vue sont très-communs chez les indigènes du Brésil; il est rare d'en voir une troupe dans laquelle il ne se trouve pas au moins deux borgnes; ils ont souvent aussi des taies dans l'œil; mais je n'ai jamais vu chez eux des yeux enflammés, atrophiés ou atteints d'une maladie quelconque, ce qu'il faut sans doute attribuer à la seule habitude de tout endurer. Le grand nombre d'arbres, d'arbustes épineux qui remplissent les forêts, est sans doute la cause du grand nombre de borgnes; car le sauvage qui poursuit un animal avec l'avidité d'un jaguar ne fait attention qu'à sa proie, et ne voit pas toujours les piquans qui menacent sa vue. Quand il a percé un pécari, un singe, ou une autre bête qui souvent s'enfuit avec la flèche au travers du corps, il la suit les yeux fixés sur elle afin de ne pas

–––––––––––

(1) Mémoire de M. Osiander dans le journal intitulé: *Neuer hanno verische Magazin*, mars 1818, p. 26 et 27.

la perdre de vue, et ainsi se blesse aisément.
Cette cause bien naturelle me semble encore
confirmée par l'observation d'Azara, que les peuplades qui habitent les plaines immenses et rases
du Paraguay n'ont pas de défauts dans les yeux.

Quand un Botocoudy a rendu le dernier soupir, on l'enterre dans sa cabane ou tout auprès (1); on abandonne le lieu et l'on en va
choisir un autre. Les parens du défunt témoignent leur affliction le premier jour par des
hurlemens affreux; les femmes surtout ont l'air
de folles en cette occasion; mais peut-être ces
cris ne sont-ils pas réellement des témoignages
de douleur, car le lendemain tous s'en vont et
continuent leur train de vie comme auparavant.
Sur le Belmonte, les Botocoudys, après avoir lié
ensemble les mains du défunt avec un liane,
l'étendent tout de son long dans une fosse,
par conséquent ils ne le placent pas dans une
position accroupie comme font d'autres peuplades d'Amérique (2); dans d'autres endroits les

____

(1) Ce fait montre combien les usages des indigènes du
Brésil ressemblent à ceux des Indiens de la Guiane. *Voyez*
Barrère, p. 227, 231, et autres voyageurs.

(2) Plusieurs autres peuplades *américaines* enterrent leurs
morts de cette manière, par exemple les anciens Canadiens.

fosses sont rondes. Le long du Rio-Belmonte ils n'enterrent rien avec le mort, ainsi que le prouvent les tombeaux que nous avons fouillés. M. João Filippe Calmon m'a dit avoir trouvé dans les tombeaux le long du Rio-Doce des armes et des vivres pour les défunts; cependant cette assertion étant contraire à mes observations me paraît peu vraisemblable. Dans plusieurs de ces tombeaux au milieu des forêts, je n'ai rencontré que des ossemens, et j'ai reconnu que la fosse avait été remplie de terre; on voyait à sa surface extérieure de gros bâtons courts, ou des morceaux de bois ronds et de longueur égale, couchés tout près les uns des autres. Je trouvai encore près de ces tombeaux les cabanes qui avaient été abandonnées.

Après la mort d'un Botocoudy on entretient pendant quelque temps du feu de chaque côté de son tombeau afin d'en écarter le diable,

---

« Lorsqu'ils ont rendu le dernier soupir, dit le P. Ducreux, on met tout de suite le corps du défunt en rond, afin qu'il se repose dans le tombeau de la même manière qu'il étoit dans le sein de sa mère. » (*Historia canadensis.*, p. 92).

Les Caraïbes, les Chiliens et les Hottentots ont le même usage. On dit que les Botocoudys le pratiquent aussi dans quelques endroits.

opération pour laquelle les parens viennent quelquefois d'un lieu très-éloigné. Si le défunt s'est acquis l'affection de ses proches, on élève sur sa fosse une cabane de feuilles de cocotier. Les Botocoudys n'attachent pas toujours ensemble les bras des morts avec un liane; ils ne se déchiquettent ni ne se mutilent le corps pour manifester leur douleur. Azara nous apprend que l'usage de se couper un doigt dans cette occasion règne chez les Charruas (1); on sait qu'il existe aussi chez plusieurs insulaires du Grand-Océan. M. Calmon m'a dit que le long du Rio-Doce, les femmes se coupaient les cheveux en signe de douleur, usage que l'on rencontre fréquemment chez les Américains, mais il est inconnu le long du Rio Belmonte, et je trouve peu vraisemblable qu'on l'ait observé chez les Botocoudys. Il me semble au reste qu'on a attribué à ceux du Rio-Doce beaucoup d'usages qu'ils n'ont pas; soit parce que l'on n'ose pas les aller examiner de près, et que par conséquent on ne les connaît qu'à moitié, soit parce que dans tout l'univers on est enclin à chercher dans les choses frappantes par leur singularité plus

______

(1) *Voyage*, tom. II, p. 25.

d'extraordinaire et de merveilleux qu'il n'y en
a réellement. On trouve dans la manière dont
les Botocoudys enterrent leurs morts beaucoup
de ressemblance avec celle qui était en usage
parmi les Toupinambas et les autres Indiens de
la côte qui sont de la même race; ceux-ci élevaient aussi une petite cabane de feuilles de
cocotier sur le tombeau, mais ils plaçaient le
corps debout dans la fosse, et lui liaient ensemble les mains et les pieds, comme on le
voit dans Léry (1).

M. Walckenaer dit avec beaucoup de jus-
tesse, dans sa traduction des *Voyages d'Azara*,
que tous les peuples de la terre ont certaines
idées religieuses; et Azara a certainement commis une erreur en disant que les Charruas n'ont
aucune religion, et ne connaissent ni jeux,
ni danse, ni musique (2). Eschwége confirme
l'opinion que les Guaïcurus ont des idées religieuses (3). Les grossiers Botocoudys ont même
une quantité d'opinions étranges sur les mauvais esprits ; pour les bien connaître il faudrait

_____

(1) *Voyage*, p. 342.
(2) *Ibid.*, tom. II, p. 14.
(3) *Journal von Brasilien*, tom. I, p. 265.

posséder parfaitement la langue de ce peuple.
Ils craignent de mauvais esprits noirs ou des
diables qu'ils nomment *Janchon* ; il y en a de
grands, *Janchon Gipakeiu*, ainsi que des petits, *Janchon Coudgi*. Quand le grand diable
se montre et traverse leurs cabanes, tous ceux
qui l'aperçoivent ne peuvent échapper à la
mort; ses apparitions ne durent pas long temps;
mais ses visites causent toujours le trépas de
beaucoup de monde. Souvent il saisit un morceau de bois et bat les chiens jusqu'à les tuer.
Quelquefois il fait mourir les enfans que l'on
a envoyés chercher de l'eau; dans ce cas on
trouve l'eau répandue de côté et d'autre. On
peut regarder ce diable comme ayant une grande
analogie avec l'*Aygnan* ou l'*Anhanga* des
Toupinambas. La crainte de ce diable empêche
les sauvages de passer seuls la nuit dans les forêts; ils ne s'y décident pas volontiers, et préfèrent de marcher plusieurs ensemble. La lune
(*tarou*) paraît être de tous les corps célestes, celui pour lequel les Botocoudys ont le plus de
vénération ; car ils lui attribuent la plupart
des phénomènes de la nature. On retrouve
son nom dans celui d'un grand nombre de
météores. Le soleil se nomme *taroudipo* ; le

tonnerre *taroudecouvoung*; l'éclair *tarouteme-reng*; le vent *taroutatouo*, etc. C'est la lune qui dans leurs idées donne naissance au tonnerre et aux éclairs; ils croient qu'elle tombe quelquefois sur la terre, ce qui cause la mort d'un grand nombre d'hommes. Ils lui attribuent aussi la mauvaise récolte de certains fruits et d'autres denrées, et ont là-dessus beaucoup d'idées superstitieuses.

Ils ont aussi, comme la plupart des peuples de la terre, la tradition d'une grande inondation On trouve dans Vasconcellos l'exposé des opinions des Indiens côtiers de la Lingoa-Géral sur ce sujet (1). Ils disent que la famille de Tamandouaré de Toupa, vieillard blanc, avait seule été avertie par l'Être suprême de grimper sur des palmiers, et d'y attendre l'inondation qui fit périr le genre humain. Quand les eaux se furent écoulées, cette famille descendit et repeupla la terre. Au reste les idées religieuses des Botocoudys ne sont pas plus absurdes que celles des colons portugais de la classe inférieure; car ceux-ci, de même que les Indiens de la côte civilisée, croient à un esprit des forêts nommé

____

(1) *Noticias curiosas do Brazil*, p. 52.

caypora; ils disent qu'il enlève les enfans et les jeunes gens, les cache dans le creux des arbres et les y nourrit.

Telles sont les observations que j'ai faites durant mon court séjour dans les forêts. La population toujours croissante de la côte orientale repousse continuellement les Botocoudys dans leurs forêts; et il n'est pas douteux non plus que la civilisation ne finisse par pénétrer chez eux; cela n'aura pas lieu de sitôt parce que l'on ne connaît plus au Brésil l'art avec lequel les jésuites, abstraction faite de plusieurs de leurs institutions vraiment nuisibles, et du mal résultant de leur domination, savaient instruire les tribus sauvages des indigènes. Le voyageur qui veut bien connaître les tribus des Botocoudys dans leur état naturel doit les observer sur le bord du Rio-Grande de Belmonte ; car jusqu'à présent l'on n'a pas pu communiquer avec ceux du Rio-Doce.

Afin de donner d'avance au lecteur une idée sommaire de la langue de ces sauvages, je vais citer quelques-uns de leurs noms. Je réserve une nomenclature plus étendue, et un vocabulaire comparé, pour la fin de mon ouvrage.

NOMS D'HOMMES.

Jucakemet, Cupilik, Jukerêcke (1), Ma-
niua, Mêcaun, Makiêngjêng , Aho , Keren-
gnatnauck.

NOMS DE FEMMES.

Enkepmêck , Maringjopou , Onevouck,
Champakhan, Poucat.

SUPPLÉMENT.

Après avoir écrit mes observations sur les
Botocoudys, j'ai eu connaissance des détails
donnés par M. d'Eschwége, colonel au service
du roi du Brésil, et demeurant à Villa-Rica,
sur les indigènes de la capitainerie de Minas-
Geraës : il se trouve dans le *Journal von Brasilien* que j'ai cité plusieurs fois.

Quoique j'aie été assez heureux pour que mes
idées fussent d'accord avec celles de M. d'Eschwége, je ferai néanmoins des remarques sur
quelques endroits de son ouvrage. Je crois pouvoir d'autant mieux me les permettre, sans en-

____

(1) La première lettre se prononce comme I.

courir le reproche de chercher à le blâmer ,
que le mérite de notre compatriote ne peut nullement souffrir de ma critique. Le long séjour
de M. d'Eschwége dans la capitainerie de Minas-Geraës, si intéressante pour la minéralogie,
nous autorise à attendre de sa part des observations très-importantes; car ses connaissances
et la position favorable dans laquelle il se trouve
le mettent en état d'examiner ce pays et ses habitans avec plus d'attention et plus en détail que
ne pourrait le faire un voyageur qui pendant un
court séjour ne serait pas à même de s'instruire
aussi complétement de la langue, des mœurs
et des usages des peuplades qui l'habitent. Mais
l'étude des indigènes dans cette capitainerie
donne des résultats moins curieux que dans
d'autres moins cultivées ou moins habitées par
les Européens. D'ailleurs M. d'Eschwége n'ayant
pas vu les Botocoudys et ayant par conséquent
été obligé de s'en rapporter à ce qu'on lui en
a rapporté, a quelquefois reçu des informations peu exactes.

Un nègre entre autres, qui avait long-temps
vécu parmi ce peuple, lui en a raconté des choses peu vraisemblables : car certainement il
n'existe pas plus un roi des Botocoudys qu'une

forme de gouvernement monarchique parmi ces
hommes grossiers; il n'est pas probable non
plus que ce soit dans une assemblée générale
que les lèvres et les oreilles soient percées. Mais
quand ce même nègre parle des traitemens cruels
que les indigènes ont à essuyer des conquérans
de leurs forêts pourvus d'armes à feu, on reconnaît la vérité des faits que l'on voudrait voir
supprimer. Le gouvernement a rendu des or-
donnances en faveur des Indiens; par malheur
elles sont mal observées.

On a quelquefois nommé les Botocoudys
Ghérins, ce nom est encore en usage sur l'Ita-
hipé. Les Portugais écrivent *Gerens*, mais non
pas *Grens*. Quant au nom d'*Arari* que M. d'Eschwége leur attribue aussi, il paraît n'être connu
que dans la capitainerie de Minas-Geraës, car
sur le Rio-Doce inférieur et sur le Rio-Belmonte je ne l'ai pas entendu, et je ne l'ai pas
trouvé non plus dans les différens auteurs qui
ont écrit sur le Brésil. Les mœurs et les usages de ces sauvages doivent être les mêmes sur
le Rio-Doce que sur le Belmonte, je m'en suis
convaincu suffisamment. Je ne puis donc croire
à la construction de cabanes ornées de plumes,
destinées à y enterrer les morts, et où ils célè-

brent tous les ans une fête en leur honneur.
Mes questions sur ce sujet m'ont prouvé que
trop souvent une connaissance imparfaite des
faits, surtout dans les endroits où les sauvages
vivent en état d'hostilité avec les Européens,
donne lieu aux récits les moins conformes à
la vérité.

M. d'Eschwége pense que l'on compare à
tort la couleur des Indiens à celle du cuivre.
Je conviens que ces peuples offrent de nombreuses variétés de couleur : quelques-uns sont d'un
brun foncé, d'autres d'un brun jaune, et d'autres d'un rouge de cuivre. Tous ont une teinte
brun gris, ou brun jaune rougeâtre ; et mes
observations me donnent lieu de croire que les
enfans ne naissent pas parfaitement blancs
comme nous autres Européens (1). Ils sont
jaunâtres et ne tardent pas à devenir bruns. J'en
ai vu beaucoup encore très-petits, et dont la
couleur était brun foncé. Mais l'on trouve, ainsi
que je l'ai dit plus haut, une variété parmi
les Botocoudys, qui a un peu de rouge sur le
dos, et seulement les cheveux noirs ; il est

______

(1) On trouve une confirmation de ce fait dans le voyage
de M. de Humboldt. *Relation historique*, tom. I, p. 500.

possible que les enfans de cette race soient complétement blancs en naissant.

La couleur de la peau et certains traits caractéristiques semblent propres à toute la race américaine ; mais ils varient à l'infini chez les nombreuses peuplades du nouveau continent, et diffèrent chez chaque individu : il en est de même de la structure osseuse ; elle offre la même diversité que chez nous. J'ai vu des Botocoudys avec le front large et haut, chez d'autres il était étroit et bas. Les uns sont grands, les autres petits. Je conviens pourtant que plusieurs tribus se distinguent des autres par certains traits communs.

Plusieurs écrivains ont soutenu que les habitans de l'Amérique septentrionale et de l'Amérique méridionale n'appartenaient pas à la même race ; cependant des hommes instruits m'ont assuré que la physionomie et la couleur des Botocoudys et des autres tribus du Brésil étaient absolument les mêmes que celles des Cherokys de la Caroline septentrionale. Le jeune Botocoudy Quêck, que j'ai amené en Europe, a donné lieu à cette comparaison (1). Ainsi, que l'on

____

(1) *Mithridates,* tom. III, 2ᵉ part., p. 3o9, 5i3. M. Thorn,

désigne la couleur des Américains par les noms
de rouge cuivré ou de gris brun, elle sera toujours celle qui distingue leur race dans les deux
parties du continent, avec cette seule différence que le froid blanchit la peau (1), et que
partout on trouve une grande diversité de teintes. Quêck prouve d'une manière frappante
l'influence du climat sur la couleur de la peau
humaine ; car le teint de son visage, qui a été
passablement brun pendant l'été, blanchit pendant l'hiver à un tel point qu'on pourrait le
prendre pour un Européen, et même ses joues
paraissent un peu colorées en rouge ; je dois au
reste observer qu'il n'est pas de la tribu la plus
brune des Botocoudys. Volney trouva que les
parties du corps couvertes chez les Indiens de
l'Amérique septentrionale étaient beaucoup plus

---

lieutenant-colonel anglais, homme instruit qui a long-
temps demeuré dans l'Inde, m'a appris, à ma grande satisfaction, que la physionomie de mon Botocoudy ressemblait parfaitement à celle des Malais. Cette assertion a été
confirmée par la comparaison que M. Blumenbach a faite
des crânes que j'ai apportés avec ceux des Malais.

(1) Les frères Moraves assurent que les enfans des Eski-
maux naissent entièrement blancs ; plusieurs écrivains ont
dit la même chose des autres peuples de l'Amérique septentrionale.

claires que celles qui restaient exposées à l'air (1).
Je n'ai pas vu d'exemple de ce fait au Brésil.
Quoique les Indiens civilisés y portent des chemises et des culottes, leur corps est partout également brun.

Il semble résulter de l'observation de Volney que les parties couvertes et plus claires du corps des Indiens de l'Amérique septentrionale doivent être regardées comme celles dont la peau a sa couleur naturelle, et que par conséquent celle des peuplades du nord est moins foncée que celle des peuplades du midi. Mais les deux parties de ce continent offrent des exceptions à cette règle, car on connaît dans le nord des peuples dont la couleur est très-foncée, et dans le sud des Botocoudys blancs et d'autres peuplades au teint clair. Si le climat seul était la cause de la couleur brune des Américains, les Portugais auraient dû, après plusieurs générations, prendre aussi cette couleur, et cependant il est certain qu'ils ont la même que leurs ancêtres toutes les fois que leur sang n'est pas mêlé avec celui des nègres ou des Indiens.

Je n'ai pas observé chez les Portugais du

____

(2) *Tableau des Etats-Unis d'Amérique*, p. 435.

Brésil les changemens que Smith remarque chez les planteurs de l'Amérique septentrionale, et qu'il attribue au climat (1). Les traits de leur visage n'ont pas changé; leurs cheveux sont restés bouclés, et leur couleur acquiert rarement le mélange foncé de celle des Indiens. Il est vrai qu'au Brésil les descendans des Portugais travaillent rarement dans leurs plantations ; ils laissent ce soin à leurs nègres; mais ils vont très-souvent à la chasse et à la pêche, et sont par conséquent suffisamment exposés aux rayons du soleil; leur teint en devient plus jaunâtre, et non pas d'un gris brun si foncé que celui de la plupart des Indiens. Au reste je renvoie le lecteur à un passage de l'*Essai sur la Nouvelle-Espagne*, par M. de Humboldt, où ce sujet est traité de la manière la plus intéressante (2). Des causes extérieures ont beau rendre la couleur de cette race plus foncée, le fond reste toujours brunâtre, et, ainsi que M. d'Eschwége l'observe avec raison, devient, dans les maladies, d'un jaune pâle, surtout au visage. D'ail-

---

(1) *Vater Untersuchungen über Americas Bevælkerung*, pag. 72.

(2) Tom. 1, pag. 115.

leurs ces considérations ne contredisent pas l'axiome que les habitans des contrées chaudes ont en général le teint plus foncé que ceux des pays froids; et la grande variété de couleurs des peuples de l'Amérique, dont on ne peut méconnaître l'affinité entre elles, semble favoriser l'opinion qui les fait descendre d'une origine commune. On peut consulter l'écrit intéressant de Sumner sur ce sujet (1).

Malgré la ressemblance qui existe entre les Mongols, les Malais et les Américains, les peuples de cette dernière race semblent avoir en commun certains traits caractéristiques. Quelques Botocoudys ont complétement la physionomie mongole, sans s'éloigner cependant du type propre à leur race. Les visages d'Esquimaux représentés dans la relation du voyage du capitaine Ross au pôle nord, diffèrent beaucoup de ceux des Brésiliens; et les missionnaires de Nain, qui ont examiné Quéck, ont trouvé la même dissemblance; en sorte qu'il est extrêmement difficile d'éclaircir les ténèbres qui nous cachent l'origine des peuples de l'Amérique.

On ne peut pas donner le nom de caciques

____

(1) *A Treatise on the records of creation,* etc.

aux chefs des Tapouyas; ce mot a une signifi-
cation bien plus relevée , car les chefs des tribus du Brésil ne se distinguent en rien de leurs
compatriotes, qui ne leur témoignent pas même
beaucoup de respect; ils n'ont d'autre privilége
que de s'être distingués par plus de prudence,
d'expérience ou de bravoure , c'est ce qui leur
donne voix décisive dans la horde. On nommait caciques les chefs puissans des peuples civilisés du Nouveau-Monde , tels que les Mexicains, les Péruviens et quelques autres chefs
qui , par leur influence et quelquefois leur autorité absolue et étendue au loin , s'opposèrent
avec vigueur aux conquêtes des Espagnols. Ces
peuples possédaient de grandes richesses et un
degré de civilisation dont les restes frappent
encore d'admiration les voyageurs ; M. de Humboldt nous a donné à ce sujet les détails les
plus intéressans (1). Combien l'habitant grossier
des forêts du Brésil est en arrière de ces peuples ! L'égalité physique y règne entre tous les
hommes : la seule distinction est celle qui

____

(1) Voyez sa *Relation historique* , ses *Monumens américains* et les *Tableaux de la Nature* ; ainsi que Vater , t. III,
2ᵉ partie des Mithridates.

s'obtient par la force des bras. Au milieu des rochers et des arbres gigantesques de ces forêts qui défient les siècles, il ne se trouve pas d'hiéroglyphes ni aucune espèce de signes gravés sur la pierre : les seuls monumens de ces hommes de la nature sont sur la surface de la terre des cabanes de feuillage qui ne durent pas six mois.

CHAPITRE XIII.

VOYAGE DU RIO-GRANDE DE BELMONTE AU RIO-DOS-ILHEOS.

Le Rio-Pardo. —Canavieras. —Patipé. —Poxi. —Le Rio-Commandatuba. — Le Rio-Una. — Les Riachos Araçari. —Meço et Oaqui. —Villa-Nova de Olivença. —Indiens qui l'habitent. —Fruit du Piaçaba. —Villa et Rio-dos-Ilheos. —Le Rio-Itahypé. — Almada. —Les Ghèrins , reste des anciens Aymorès.

Mon séjour sur les bords du Rio-Belmonte et dans les forêts habitées par les Botocoudys m'avait inspiré le désir de chercher un nouveau théâtre à mes observations. On fit en conséquence les préparatifs nécessaires pour continuer le voyage au nord, et conformément à mon plan, pour pénétrer à travers les forêts jusqu'à Minas-Geraës. J'eus pour une partie de mon voyage un compagnon dont la société me fut bien agréable , M. Charles Frazer, qui ainsi que moi allait jusqu'à Ilheos.

Le Rio-Grande de Belmonte, se jetant dans la mer à peu de distance de Villa de Belmonte, est très-large et souvent tumultueux devant cette ville. Je pris donc de grandes pirogues pour le traverser ; mes mulets et mes chevaux l'avaient passé la veille à la nage. Quand les pirogues arrivent à la rive opposée elles entrent dans une crique étroite entourée de buissons de mangliers, et où l'eau est extrêmement tranquille : elle porte le nom de *Barra das Farinhas*. Probablement cette crique ou ce canal était autrefois un bras du fleuve dont l'embouchure s'est peu à peu ensablée; on lui donne aussi quelquefois le nom de *Barra Velha*.

Ayant chargé notre tropa, nous avons marché pendant une legoa et demie jusqu'à l'embouchure du Rio-Pardo, fleuve considérable. On suit une côte déserte et sablonneuse où tous les arbres et les arbrisseaux sont courbés et mutilés par la fréquence des vents de mer et des tempêtes. Je trouvai dans cet endroit des os de tortue de mer épars ; cet amphibie est ici une rareté, tandis qu'il est plus commun au sud, sur les rivages voisins du Rio-Doce, qui sont aussi solitaires et tranquilles (1).

Le Rio-Pardo forme la limite entre le Comarca de Porto-Seguro et celui d'Ilheos ; il se jette dans la mer par plusieurs bras ; le plus méridional, qui a son embouchure à Canavieras, se nommait *Imbuca* du temps des Indiens. A la rive méridionale de la barra nous avons trouvé une petite maison habitée par un gardien de bestiaux qui passe les voyageurs à la grande île sur laquelle est bâtie Canavieras entre deux bras du fleuve. Je m'embarquai le soir dans une pirogue petite, étroite, peu sûre ; la marée montante et les lames extrêmement grosses la poussaient de côté et d'autre et la ballottaient avec une violence extrême, de sorte que ma traversée fut pénible et dangereuse. Cependant, grâces à

---

(1) Dans la première partie de ce *Voyage*, j'ai dit que la grande tortue de mer était le *testudo midas* ; la position dans laquelle je me trouvais alors sur le Rio-Doce m'empêcha de faire une description de cet amphibie ; j'espérais en rencontrer d'autres, mais je n'en vis aucun ; cependant j'ai un crâne complet de cette tortue, et son examen fera connaître si elle appartient aux espèces connues, ou bien en forme une nouvelle. Je m'en occuperai dans mes *Mémoires sur l'Histoire naturelle du Brésil*.

l'adresse du canoeiro, qui évitait soigneusement de présenter le côté de l'embarcation à la lame, nous sommes arrivés sans accident.

J'observai dans les buissons de mangliers qui couvraient les rives du canal une quantité prodigieuse d'hirondelles; elles avaient toutes le plumage roux. Quoiqu'il me fût impossible de les examiner de plus près, je supposai que c'était l'espèce nommée *hirundo pelasgia*. Elles s'étaient rassemblées dans cet endroit pour y passer la nuit, cependant elles s'élevaient quelquefois en troupes nombreuses à une très-grande hauteur, et retombaient aussitôt dans les buissons, auxquels la quantité prodigieuse de ces oiseaux donne une teinte noirâtre.

Je trouvai M. Frazer, qui avait passé le fleuve avant moi, établi dans une grande maison; nous nous y chauffâmes auprès d'un bon feu avec la famille du propriétaire. Nous allâmes ensuite nous coucher sur des lits de planches que l'on avait placés dans le grand appartement. Ce fut la couchure d'une partie des habitans de la maison.

Canavieras est une villa ou aldea assez considérable, dont les maisons sont dispersées; elle a une église. On y cultive principalement du manioc et du riz. Les habitans sont la plupart blancs et pardos, c'est-à-dire issus d'hommes de différens degrés de couleur produits par le mélange avec les nègres; ces pardos forment sur cette côte le fonds de la population. Comme il n'y a en ce lieu ni juiz ni aucun chef délégué par le roi, il n'existe pas du tout de police, et Canavieras est connu dans tout le pays pour la liberté et même l'état un peu sauvage de ses habitans. Ils ne veulent pas de juiz, disant qu'ils peuvent se gouverner eux-mêmes, et ne doivent payer que peu d'impôts. D'ailleurs leur caractère est jovial, ils se divertissent quelquefois plusieurs jours de suite à faire de la musique, à danser, à jouer aux cartes, amusemens qui très-souvent entraînent des excès.

L'embouchure du fleuve étant meilleure que celle du Rio-Grande de Belmonte, on y construit quelques lanchas qui servent à commercer avec Bahia et d'autres villes de la côte. Le Rio-Pardo traverse les forêts, dans lesquelles les Botocoudys se montrent en ennemis, tandis qu'ils sont paisibles, du moins en partie, sur les bords du Rio Belmonte. Récemment encore ils avaient tué plusieurs personnes, et l'on supposait que les meurtriers étaient de la bande du capitam Jéparack. Auparavant ils avaient détruit plusieurs plantations des Portugais. On les attaqua; ils essuyèrent une défaite considérable ; cinquante de leurs guerriers furent tués dans cette rencontre. Ils se sont vengés par la mort de quatre personnes; et l'on a été obligé d'abandonner les plantations sur la partie supérieure du fleuve, parce qu'ils les dévastaient ou les menaçaient. On dit qu'ils ne vont pas an-delà du Rio-Pardo, car on ne les a pas encore vus à Commandatuba. Quelques hordes de Patachos errent sur les bords de ce fleuve et dans les forêts de la barra de Poxi.

A peu de distance de Canavieras, un bras du Rio-Pardo, nommé *Rio da Salsa*, s'en détache et va joindre le Rio-Grande de Belmonte. Je vis à Canavieras un homme que le comte d'Arcos y avait envoyé de Bahia pour travailler à rendre le Rio-da-Salsa navigable. On se promettait de l'exécution de cette entreprise de grands avantages pour le commerce avec Minas par le Rio-Belmonte; on serait entré dans ce dernier fleuve par le canal du Ric-la-Salsa, en partant du Rio-Pardo dont l'embouchure est meilleure pour les navires que celle du Rio-Belmonte.

Ne voulant pas laisser passer la saison favorable pour voyager dans les forêts, je ne restai pas long-temps à chasser à Canavieras : il est vrai qu'il s'y trouvait peu de choses intéressantes pour nos collections. Cependant il y a toujours quelque chose de nouveau dans chaque canton. Ainsi dans le voisinage du Rio–Belmonte et du Rio-Pardo habite un très–beau reptile qui est probablement celui que Marcgraf a décrit sous le nom d'*ibiboboca*. Ce serpent (1) ressemble beaucoup pour la distribution des couleurs au serpent corail; car les anneaux noirs, verts, blanchâtres, et rouge de carmin, alternent sur son corps de la manière la plus agréable. Le serpent corail (2), la couleuvre à

____

(1) *Elaps Marcgravii.* M. Merrem a reconnu cette couleuvre que j'ai apportée en Europe pour l'ibiboboca de Marcgraf, et cela est très–vraisemblable. Russel se trompe donc quand il la prend pour son kalla-jin de l'Inde. M. Merrem en a donné une description abrégée dans son *Système des Amphibies*, page 142, où il en parle sous le nom d'*elaps ibiboboca*.

(2) *Elaps corallinus.* Dans le premier volume de ce Voyage j'ai pris ce serpent pour le *coluber fulvius* de Linné, et j'en ai parlé sous ce nom. Mais une comparaison attentive m'a appris depuis qu'à la vérité il lui ressemble beaucoup, mais qu'il doit en être très-différent; c'est pourquoi j'adopte le

tête orangée (*coluber formosus*), l'ibiboboca , et un quatrième (1) encore plus beau que les autres, se ressemblent tellement par la nature et la disposition de leurs couleurs , que les Brésiliens les confondent sous le nom général de *cobra coral* ou *coraës*; car ils ont tous les quatre des anneaux de chacune des couleurs que je viens d'indiquer, disposés alternativement; mais le naturaliste qui les observe avec atten-

---

nom que M. Merrem lui a donné dans son *Système des Amphibies*, p. 144. J'ai donné sur ce serpent, sur le précédent, et sur les deux couleuvres dont il est question dans le texte, une petite notice qui se trouve dans le dernier volume des Mémoires de l'Académie impériale léopoldine-caroline des curieux de la nature. J'y ai joint un dessin de l'*elaps coralli*.

(1) Je l'ai nommée *coluber venustissimus*. C'est la plus belle espèce de couleuvre ; elle ressemble beaucoup pour la couleur à l'*elaps corallinus* , mais sa tête est plus large, sa gueule fendue plus profondément ; les dents très-petites sont entièrement celles des couleuvres : plaques abdominales 200 ; caudales 51. La longueur de la queue surpasse de près d'un huitième celle de l'animal : couleur du corps, rouge de carmin , dont l'éclat est rehaussé par des anneaux noirs disposés deux à deux, très-rapprochés l'un de l'autre, et entourés extérieurement par un anneau étroit gris blanc verdâtre. Toutes les écailles de la partie supérieure du corps, même celles des larges anneaux rouges, ont une pointe noire.

tion reconnaît au premier coup d'œil qu'ils appartiennent à quatre espèces différentes.

M. Freyreiss, qui resta plus long-temps dans
ce canton, y trouva par hasard dans les palmiers une espèce de chauve-souris remarquable et encore inconnue qui pourrait former un
genre nouveau (1). Au lieu de queue elle a deux
appendices cornés placés horizontalement l'un
au-dessus de l'autre, le supérieur qui est le plus
grand a cinq lignes de largeur ; c'est en quelque
sorte un prolongement de l'os de la queue qui se
termine de cette manière ; l'appendice inférieur
est formé par le replis que la membrane de la
queue fait sur elle-même. Le pelage de cet
animal est un peu floconneux et de couleur blanche ; il se tient caché pendant le jour au milieu
du feuillage colossal des cocotiers, qui tout le
long de cette côte sont habités et animés par
les Tangaras d'un gris vert brillant (2).

---

(1) J'ai donné une notice de cet animal remarquable
dans l'*Isis*, année 1819, 10e cahier, pag. 630.

(2) Cet oiseau a été regardé jusqu'à présent comme la femelle de l'évêque (*tanagra episcopus*), et M. Desmarest l'a
figuré comme tel. C'est une erreur, car le *tanagra episcopus* ou le sayaca, le sanyacu des Brésiliens de la côte orientale, est très-différent de la prétendue femelle : nous avons

Quelqu'un qui aurait du loisir et serait favo-
risé par le beau temps pourrait faire à Canavieras des observations intéressantes sur les poissons du fleuve et ceux de la mer. On y trouve
en général les mêmes espèces qui fréquentent
la partie plus méridionale de la côte. A Espirito-Santo on prend fréquemment le catana
(*perca punctata*), poisson d'un rouge foncé,
parsemé d'une multitude de taches violettes ;
plusieurs espèces de scombres aux couleurs
brillantes, le squale, le silure, les belles espèces
de grammistés ; le perua (*balistes vetula*),
dont le corps est par-dessus d'un beau vert et
bleu de ciel, et entouré de raies d'un jaune
foncé, et beaucoup d'autres. Mais la mer à Canavieras était trop agitée par le vent pour que
les pêcheurs pussent rien prendre.

Les voyageurs qui ont avec eux des mulets
les font aller le long de la côte maritime, et
passer à la nage les différentes embouchures

---

des dessins des deux espèces qui sont très-ressemblans. Ce
dernier oiseau, regardé comme la femelle, et auquel à cause
de son séjour parmi les palmiers j'ai donné le nom de *tanagra palmarum*, se distingue entièrement du sanyacú par
sa voix qui est un gazouillement très-doux.

(*barras*) du Rio-Pardo ; quant à eux ils s'embarquent, et parcourent pendant deux jours, avec quelques interruptions, dans une pirogue, une lagune qui court parallèllement à la côte, et doit sa naissance à plusieurs bras du Rio-Pardo et à la mer. Son eau est salée; elle monte et baisse comme la mer, dont elle est séparée par une langue étroite de terre que coupent diverses bouches du Rio-Pardo.

Après avoir parcouru deux legoas, depuis la Barra de Canavieras, les mulets arrivent à la Barra de Patipé, ainsi nommée d'un povoaçao situé dans le voisinage sur une île formée par ces deux barras. La navigation sur cette lagune salée est agréable; des buissons touffus de mangliers couvrent les rivages, au-delà s'élèvent les forêts. De temps en temps elle s'ouvre pour laisser un passage à des bras de la rivière qui sort de l'immense solitude.

On aperçoit sur le rivage des maisons isolées qui s'annoncent toujours de loin par un bocage de cocotiers.

La lagune salée se prolonge au-delà de la Barra de Patipé le long de la côte, et au bout d'une legoa et demie l'on arrive à la Barra de Poxi, autre embouchure. Il s'y trouvait précédemment quelques cabanes de pêcheurs ; ils ont depuis peu de temps quitté ce lieu. Nous avons eu beaucoup de peine à nous y procurer de l'eau potable pour nos mulets. Des végétaux utiles et cultivés dans tous les jardins croissent encore près des maisons abandonnées, entre autres quelques arbres fruitiers, et le pimenteira (*capsicum*), si recherché par les habitans de ce pays pour assaisonner leurs mets.

Quoique la nuit fût orageuse, nous avons préféré la passer sur le sable, le long de la mer près du Poxi, que dans les maisons abandonnées où nous aurions été dévorés par les insectes. Une pirogue, que le hasard nous fit découvrir dans le voisinage, nous transporta le lendemain matin de l'autre côté de la Barra. Il n'y avait pas en ce moment de passageiro ou passeur, et en général dans ce canton l'on ne s'occupe pas encore beaucoup des voyageurs. Il n'existe aucune carte du pays, il faut donc s'en rapporter au hasard et aux renseignemens défectueux des habitans quand on veut suivre cette côte. Un chirurgien français nommé Petit s'était depuis peu de temps établi sur une hauteur à peu de distance dans l'intérieur, les

habitans du voisinage racontent que, fatigués
de son humeur querelleuse, les pêcheurs du
Poxi abandonnèrent leurs demeures. L'on ajouta
diverses particularités sur ses opinions politi-
ques, qui me parurent n'être pas extrêmement
goûtées par les Portugais.

La lagune qui s'étend au nord de la Barra de
Poxi est très-poissonneuse ; au point du jour
on voyait une quantité innombrable de poissons
sauter très-haut en l'air : on aurait pu, avec un
grand filet, faire une pêche abondante sans
beaucoup de peine.

De ce lieu à l'embouchure du Commandatuba, la côte ne change pas d'aspect : toujours
un labyrinthe d'îles couvertes de buissons de
mangliers. Le meilleur temps pour naviguer
dans ces eaux salées est celui du reflux. Ces
buissons servent d'asile au perroquet amazone
ordinaire (*psittacus ochrocephalus*), nommé
curica par les Indiens et les Portugais ; il semble
se plaire beaucoup dans ces buissons, de sorte
qu'on pourrait lui en donner le nom. On le
trouve toujours sur les bords et aux embouchures des fleuves, où les autres perroquets se
rencontrent très-rarement. Sa voix est très-
forte, il la varie sur plusieurs tons, et a souvent

l'air d'imiter d'autres oiseaux. On trouve fréquemment les nids de ces perroquets dans les
gros troncs de mangliers qui ont des trous. Les
habitans prennent les petits, les élèvent et leur
apprennent à parler.

Le Commandatuba n'est pas un fleuve considérable. A peu de distance de son embouchure
on trouve sur sa rive méridionale, dont le sable
éblouissant de blancheur offense les yeux,
quelques cabanes de familles indiennes qui ont
leurs plantations sur la rive septentrionale. Nous
avons passé le Commandatuba, et trois legoas
plus loin nous sommes arrivés à l'embouchure
de l'Una, fleuve plus grand. L'on n'y voit qu'un
petit nombre de maisons. Un riche planteur,
qui possède de vastes propriétés sur l'Una, a
construit une venda à son embouchure : elle
comprend une grande cour entourée de cocotiers. Ce bel arbre s'élève à une très-grande
hauteur sur ce sable blanc qui a l'air stérile.
A sa septième année, lorsqu'il est encore bas,
il produit déjà en abondance ses fruits rafraî-
chissans. On cultive ici le manioc et le riz ; le
café, le coton, et toutes les productions du climat équatorial y réussissent à merveille. Le
propriétaire dont je viens de parler était occupé

à y établir des plantations de ces végétaux. J'y ai aussi vu le chou blanc d'Europe, le chou-rave, ainsi que la grosse rave pour les bestiaux ; j'y ai observé des têtes de chou qui pesaient quatorze livres.

L'Una se partage à son embouchure en deux bras ; le bras gauche se nomme *Rio-de-Muruim*, le bras droit *Rio-da-Cachoeïra* : ce dernier a tiré cette dénomination de petites chutes qu'il forme. On trouve à peu de distance en remontant l'Una de très-belles espèces de bois, entre autres beaucoup de jacaranda (bois de rose). Ce fleuve est si bas dans le temps du reflux, que les mulets peuvent le passer. Au-delà on arrive à trois ruisseaux : l'Aracari, le Meço et l'Oaki, que l'on peut de même passer à cheval pendant le reflux ; au contraire, pendant le flux, deux de ces ruisseaux sont profonds et rapides.

Du côté de terre, l'on a la vue de hauteurs boisées qui se prolongent au nord, et qui forment les rives du Rio-de-Muruim. On remarque sur ces collines un arbre extrêmement haut nommé le *pao de Muruim* ; il s'aperçoit de très-loin en mer, et sert de point de reconnaissance aux marins.

C'est depuis les bords de l'Una que l'on com‑
mence à trouver l'espèce de navire nommé
jangada dont j'ai déjà parlé. Koster l'a décrit
et dessiné. L'on s'en sert de mer basse, dans
les endroits peu profonds, pour aller à la pêche;
on se hasarde même à naviguer au large sur les
grands jangadas, et on les emploie à transpor‑
ter le long des côtes différentes marchandises.
Ces jangadas sont des radeaux, dont la lon‑
gueur moyenne est à peu près de vingt‑cinq
pieds. Ils sont formés de sept pièces de bois lé‑
ger, dont cinq placées les unes à côté des au‑
tres ne sont maintenues que par les deux trans‑
versales. Les deux pièces de bois extérieures
sont un peu plus longues que les autres, elles
en supportent une troisième, et sur celles‑ci
s'élève le siége du timonier. Il n'entre pas un
seul morceau de fer dans la construction d'une
semblable embarcation. Les pièces de bois sont
liées et chevillées ensemble, et taillées en bi‑
seaux aux deux extrémités; une pagaie sert de
gouvernail; elles ont une grande voile latine.
Elles portent souvent plusieurs hommes. Le
bois léger dont elles sont faites porte le nom de
pao ou bois de jangada. Il est décrit par Arruda

sous le nom *d'apeiba cimbalaria* ou *embira jangadeira* (1).

Les plus habiles conducteurs de ces jangadas sont les Indiens côtiers civilisés qui ont dans ce canton leurs cabanes éparses au milieu des bois de la plage. Chaque famille a son embarcation posée sur le sable; quand on veut s'en servir il suffit de la retourner, et on la met à flot dans le temps du flux. Plus au sud les jangadas disparaissent, on ne voit plus que des pirogues; plus au nord, au contraire, celles-ci sont rares et les autres bien plus communs. Peut-être ce canton est-il le plus méridional de ceux où croît le bois de jangada.

Après avoir quitté l'Una on arrive, au bout de six lieues, à Olivença, villa habitée par des Indiens. Durant la dernière moitié de cette distance, des collines verdoyantes s'élèvent du côté de la terre : elles offrent une nouvelle curiosité en botanique. Le coco de Piaçaba (2),

______

(1) Voyage de Koster, p. 483; tom. II, p. 184. Arruda place cet arbre dans la polyandrie monogynie. Marcgraf le décrit, et en donne la figure p. 123 et 124.

(2) Un obstacle inattendu m'empêcha d'examiner assez attentivement le palmier piaçaba dans les forêts d'Ilhéos, pour savoir si les longues fibres dont j'ai parlé naissent sur

dont il a déjà été question en parlant de Mogiquiçaba, y croît en grande abondance. Son
feuillage, qui s'élève presque perpendiculairement, ressemble à une aigrette ; son tronc est
haut et fort, partout il se montre fièrement au-
dessus des autres arbres. A Mogiquiçaba on
fabrique des cordes avec les fibres de cet arbre;
à Olivença l'on travaille son fruit.

Villa de Olivença est agréablement située sur
des collines assez hautes; des bois touffus l'entourent. Le couvent des jésuites sélève au-
dessus de cette muraille de verdure. La côte,
formée par des rochers extrêmement pittoresques qui s'avancent dans la mer, est constamment battue par les flots bruyans qui remplissent
toute la baie de leur écume. Les Indiens vêtus
de chemises blanches étaient occupés à pêcher
sur le rivage. Il y avait parmi eux de très-beaux
hommes. Leur aspect me rappela la description que Léry fait des Toupinambas leurs ancêtres. » Les Tooupinambaoults, dit-il, n'étant
» point plus grands, plus gros ou plus petits de

---

la grappe des fruits ou sur les enveloppes des feuilles.
J'espérais trouver ce bel arbre plus au nord ; je fus trompé
dans mon attente.

» stature que nous ne sommes en Europe, n'ont
» le corps ni monstrueux ni prodigieux à notre
» égard : bien sont-ils plus forts, plus robustes
» et replets, plus dispos , moins sujets à mala-
» die : et même il n'y a presque point de boi-
» teux, de borgnes , contrefaits, ni maléficiés
» entre eux (1).» Lery a parfaitement raison, ces
hommes sont bien faits et élancés, ont les épaules larges , et sont de la taille moyenne des Européens. Ils ont malheureusement perdu leur
caractère original. Je regrettai de ne pas voir
s'avancer vers nous un guerrier Toupinamba, le
fronteau de plumes sur la tête, les panaches de
plumes sur les reins, les bracelets de plumes
bariolées au bras, l'arc et les flèches à la main.
Au lieu de cela les descendans de ces anthropophages me saluèrent d'un *adeos* portugais.
J'éprouvai avec chagrin la vicissitude des choses d'ici bas, qui, en faisant perdre à ces peuples
leurs usages barbares et féroces, les a aussi
dépouillés de leur originalité, et en a fait de
pitoyables êtres ambigus.

Villa-Nova de Olivença est une ville d'Indiens fondée par les jésuites il y a une cen-

____

(1) Voyage, pag. 101.

taine d'années. A cette époque on réunit des Indiens du Rio-dos-Ilheos ou San-Jorge pour les amener ici. La Villa renferme aujourd'hui à peu près 180 feux, et tout son territoire à peu près 1000 habitans. A l'exception du curé, de l'escrivam et de deux marchands, Olivença ne compte pas beaucoup de Portugais. Tous les autres habitans sont des Indiens qui ont conservé leurs traits caractéristiques dans toute leur pureté. Je vis parmi eux plusieurs personnes très-âgées dont la physionomie prouvait la salubrité de ce lieu, entre autres un homme qui se souvenait d'avoir vu fonder la ville et construire l'église il y avait cent sept ans. Ses cheveux étaient encore d'un noir d'ébène, ce qui d'ailleurs est très-commun chez les vieux Indiens. Cependant les cheveux de quelques-uns blanchissent avec l'âge, mais cela n'a pas souvent lieu chez ceux qui sont de race pure et exempte de tout mélange avec le sang nègre. Les Indiens d'Olivença sont pauvres, en revanche ils ont peu de besoins ; l'indolence est comme dans tout le Brésil le trait distinctif de leur caractère. Ils cultivent les denrées nécessaires pour leur entretien ; ils tissent eux-mêmes les toiles de coton légères dont ils font leurs vêtemens. Ils ne s'occupent pas du tout de la chasse, qui dans d'autres endroits est un des principaux passe-temps des Indiens, car ils n'ont ni poudre ni plomb, objets que l'on a rarement occasion d'acheter à Villa-dos-Ilheos, et que par conséquent il faut payer très-cher. Une des principales branches d'industrie des habitans d'Olivença est la fabrication des chapelets qu'ils font avec les fruits du coco de Piaçaba et les carapaces de la tortue caret (*tartaruga de Pentem*).

La famille des palmiers est un des présens les plus utiles que la Providence ait faits aux régions équatoriales. Le piaçaba donne un bois excellent pour la construction, ses fibres fournissent aux marins des cordages extrêmement durables qui défient également les tempêtes et l'humidité; son fruit nourrit les habitans de plusieurs cantons de cette côte. Le mauricia procure la demeure et le logement. L'existence d'une tribu entière, les Guaranis, est attachée à l'existence de ce palmier, suivant l'expression de M. de Humboldt (1).

---

(1) *Ansichten der Natur*, pag. 27 ; *Tableaux de la Nature*, tom. I, p. 38 et 175.

Le fruit que l'on rencontre dans les cabinets d'histoire naturelle sous le nom de *coco lapidea* paraît être celui du piaçaba : il est long de quatre à cinq pouces, droit, un peu pointu à l'extrémité antérieure et d'une couleur brune foncée. Sous la main du tourneur il prend un très-beau poli, ce qui a donné l'idée d'en faire des chapelets. La machine sur laquelle on tourne les grains et très-simple; une corde, attachée à un arc de bois fixé au plafond, tient de l'autre bout à un bâton que l'on met en mouvement avec le pied, et qui tient lieu de roue, on partage la noix en petit morceaux de dimension convenable pour les grains, on les perce puis on les arrondit. Un ouvrier peut faire dans un jour une douzaine de chapelets qui ne coûtent que dix reis (7 centimes) la pièce. En sortant de chez l'ouvrier ces chapelets sont d'un jaune pâle; on les envoie à Bahia où ils sont teints en noir.

J'allai voir les Indiens dans leurs cabanes, la plupart travaillaient à faire des chapelets. Leurs maisons très-simples ne diffèrent pas de celles que l'on rencontre partout le long de cette côte. Les toits sont tous en feuilles d'uricanna qui remplace le chaume. Au lieu du feuillage entier des cocotiers dont on couvre le faîte pour empêcher l'eau de pénétrer, on emploie ici les longues fibres du piaçaba. Ces cabanes, disposées en lignes sur le flanc d'une colline, sont dans une situation riante; on y jouit de la vue de l'Océan. A une petite distance dans l'intérieur, on arrive à un campo (plateau sans arbres) où l'on aperçoit dans le lointain la Serra de Maitaraca, chaîne de montagnes qui, de même que toutes celles de ce pays, renferme dit-on beaucoup d'or et de pierres précieuses.

Le peu de goût des Indiens d'Olivença pour la chasse ne me laissant pas lieu d'espérer grand secours de leur part pour mes excursions dans les forêts, je continuai mon voyage après un court séjour, et au bout de trois legoas j'arrivai au Rio-dos-Ilheos. La route fut fort agréable par la fraîcheur du matin. Il faut attendre le temps du reflux pour parcourir la plage sablonneuse, qui est unie et ferme; l'on y voyage fort à son aise. On rencontre quelques cabanes; les bocages de cocotiers dont elles sont entourées les font distinguer au milieu des buissons. A moitié chemin on traverse à gué un petit ruisseau qui porte le nom de *Cururupé* ou *Cururuipé*. *Cururu* en vieux langage brésilien

signifie *Crapaud*; et *Cururuipé, Crapaud gon-
flé*. Une pointe de rocher qui s'avançait en mer
était ornée d'un posoquéria, très-bel arbrisseau
de six à huit pieds de haut, à feuilles roides ,
d'un vert foncé; ses fleurs odorantes se distinguent par des corolles longues de six pouces : je
n'ai pas observé cette plante plus au sud. Le
rivage de ce canton est pauvre en coquillages ;
j'aperçus en quelques endroits de petits frag-
mens d'un fossile léger, roussâtre, spongieux,
roulés par les eaux de la mer ; j'en avais déjà vu
plus au sud dans le voisinage de Porto-Seguro;
en l'examinant plus attentivement, je le reconnus
pour du tuf volcanique spongieux, avec un mélange presque imperceptible d'amphibole basal-
tique (1).

---

(1) Le cabinet de M. Blumenbach de Gœttingen offre divers échantillons de ce fossile , qui viennent de l'île de
l'Ascension. M. Cunningham l'a aussi décrit dans les *Tran-
sactions philosophiques* , tom. XXI , p. 500. Les courans
maritimes apportent ce fossile sur les côtes du Brésil , de
même qu'ils poussent des graines de mimosas et d'autres
végétaux des tropiques sur les côtes d'Angleterre et de
Norvége.

Comme je suis sur le point de quitter la côte du Brésil
pour m'enfoncer dans l'intérieur des terres, je vais dénom-
brer succinctement les diverses espèces de coquillages que

Après avoir doublé une pointe de terre nous
fûmes agréablement surpris par l'aspect inattendu du joli petit port d'Ilheos. Le fleuve du
même nom s'y jette dans la mer après avoir brusquement tourné au sud entre deux collines ro-
cailleuses et pittoresques sur lesquelles croissent
des cocotiers. Devant la bouche de ce fleuve

---

j'ai rencontrées sur le sable depuis Rio-de-Janeïro jusqu'à
Ilheos, par conséquent entre le 23e et le 15e degrés de latitude sud. Quelques coquilles fluviatiles se trouvent aussi
dans le nombre.

*Lepas tintinnabulum ; pholas candida ; tellina rostrata ;
cardium flavum ; mactra striatula ; donax denticulata ,
d. cuneata ; venus paphia, v. gallina, v. læta, v. castren-
sis, v. phryne, v. affinis, v. concentrica ; spondylus pli-
catus ; chama gryphoïdes ; arca noë, a. barbata, a. decus-
sata , a. æquilatera, a. indica , a. rhomboidea ; ostrea
edulis ; mytilus edulis ; pinna nobilis ; conus stercus mus-
carum ; cypræa carneola , c. caurica ; bulla ampulla ,
b. vellum ; voluta auris malchi, v. auris sileni, v. oliva,
v. hiatula , v. ispidula, v. glabella, v. bullata ; buccinum
galea, b. tuberosum , b. decussatum, b. harpa, b. hæma-
stoma, b. porcatum , b. fluviatile ; strombus lucifer, s. brio-
nya ; murex lotorium, m. morio , m. trapezium , m. aluco ;
trochus radiatus, t. distortus, t. americanus, t. obliqua-
tus ; turbo stellatus ; helix pellis serpentis , h. ampulla-
cea , h. ovalis , h. aspera (Muller) ; nerita caurena ,
n. mammilla, n. fluviatilis, n. littoralis ; patella saccha-
rina, p. striatula.*

on aperçoit de petits îlots rocailleux dont le canton a pris le nom d'*Ilheos*. Une pointe de terre ferme ce port de chaque côté ; sur celle du nord, entre le fleuve et la côte de la mer, est située Villa-dos-Ilheos ou de San-Jorge. Le fleuve y forme un beau bassin bien tranquille et bien abrité, dont le coup d'œil pittoresque est rehaussé par une enceinte de cocotiers. Au pied de ces arbres majestueux dont la cime élégante se balance agréablement dans les airs croissent deux petites plantes, une calceolaria et une cophea inconnues l'une et l'autre aux botanistes. Du côté de terre, s'élèvent des forêts épaisses, et à côté de la Villa on aperçoit une colline boisée. Du milieu du sombre feuillage qui la couvre sort l'église de Nossa Senhora da Victoria. Du haut de cette éminence on découvre un des plus beaux paysages qu'il soit possible d'imaginer. Le contraste de cette nature gaie et paisible avec les flots de l'Océan, roulant sans cesse avec un bruit sourd pour venir se briser en écumant contre les rochers, est d'un effet admirable.

Villa-dos-Ilheos est un des plus anciens établissemens de la côte du Brésil. Après que Cabral eut fait chanter la première messe à Santa-

Cruz et débarqué à Porto-Seguro, on fonda la colonie de San-Jorge. Francisco Romeiro jeta en 1540 les fondemens de la Villa-dos-Ilheos , après avoir conclu une convention amicale avec les Toupiniquins habitans de cette contrée (1). La colonie prit de l'accroissement et devint florissante; mais plus tard elle souffrit beaucoup des incursions des Aymorès que l'on connaît aujourd'hui sous le nom de Botocoudys. En 1602 on fit dans la capitainerie de Bahia la paix avec ce peuple. Le traité ne fut exécuté à Ilheos qu'en 1603 ; conformément aux conditions , on bâtit à ces sauvages deux villages pour qu'ils y fissent leur demeure. Le reste de ces Indiens porte en partie le nom de *Ghérins*. La colonie déclina ensuite de plus en plus ; de sorte qu'en 1685 elle était extrêmement déchue; aujourd'hui elle offre à peine quelques vestiges de son ancien éclat. Son dernier soutien disparut avec l'ordre des jésuites; car c'est d'eux que viennent tous les monumens des temps anciens qui subsistent encore. Le couvent massif, le bâtiment le plus considérable de la Villa, fut construit en 1723; il est aujourd'hui entière-

____

(1) Southey, *history of Brazil* , tom. I , p. 41.

ment vide; il a déjà beaucoup dépéri : en quelques endroits il n'y a plus de toit: les murs sont
en briques et en pierres calcaires ; les nombreuses coquilles qui se trouvent dans celles-ci
indiquent leur origine. On peut compter aussi
parmi les monumens de l'ordre un beau puits
solidement bâti et couvert d'un toit. Malgré
tout le mal que les Jésuites ont fait, on
doit avouer que la plupart des établissemens
sages et bienfaisans de l'Amérique méridionale leur sont dus. Villa-dos-Ilheos est composée de petites maisons couvertes en tuiles,
en partie mal entretenues, en décadence ou
vides; les rues sont plus ou moins régulières,
couvertes d'herbes; ce n'est que les dimanches et
les jours de fête que l'on y aperçoit du mouvement et de la vie ; on y voit alors quelques personnes réunies parce que les habitans
du voisinage y viennent à la messe. Il y a trois
églises. Celle de Nossa Senhora da Victoria, située dans une forêt, ainsi que je l'ai dit plus
haut, a, d'après la tradition superstitieuse de ce
lieu, été construite pour conserver la mémoire
d'un miracle. On voulait bâtir une église dans
la Villa, et l'on avait déjà façonné à cet effet
une poutre colossale ; un matin on découvrit

tout à coup cette énorme pièce de bois sur la
montagne voisine, et on reconnut dans ce pro-
dige un signe certain de la volonté de Notre
Dame qui désirait avoir son église sur cette hauteur : on s'empressa de s'y conformer. On
compte trois ecclésiastiques dans Villa-dos-
Ilheos , le premier porte le titre de padre vi-
gario geral. Parmi les monumens de l'histoire
ancienne d'Ilheos on remarque quelques restes
du temps qu'elle était possédée par les Hollandais , entre autres trois redoutes près de l'entrée
du port, et sur le rivage une grande pierre de
grès en forme de meule qui a dit-on servi à un
moulin à poudre.

Les relations de cette ville avec les autres
ports du Brésil sont peu importantes. Quelques lanchas ou barcos font un petit commerce
des productions des plantations et des forêts des
environs avec Bahia. On cultive à peine assez
de manioc pour suffire à la consommation des
habitans ; c'est pourquoi il arrive quelquefois
aux étrangers de ne rien trouver à manger. On
y a encore moins que dans les villes situées
plus au sud les moyens d'apaiser sa faim, car
dans la saison chaude le poisson même y est
rare ; dans la saison froide , c'est-à-dire en

avril, mai, juin, juillet; août et septembre,
les eaux sont plus productives. On exporte
d'Ilheos un peu de riz et une certaine quantité
de bois, surtout de beau jacaranda (*mimosa*)
et du vinhatico. On voit peu de moulins à sucre
sur le Rio-dos-Ilheos; ceux qui ne fabriquent
que de la mélasse ou *meloda* et du tafia, et que
l'on nomme *engenhocas* sont plus communs;
parmi les premiers, celui de la Fazenda de
Santa-Maria mérite d'être cité; cette Fazenda
possède un territoire de vingt legoas de long,
et a deux cent soixante-dix nègres; elle appartenait aux Jésuites. Indépendamment du moulin
à sucre, on y voit des machines pour nettoyer
le riz et le coton qui sont mises en mouvement
par l'eau; on les a récemment fait raccommo-
der par un Anglais et on les a pourvues de
roues horizontales. Il n'y a qu'un autre moulin à sucre dans ce canton auquel soit jointe
une machine à nettoyer le riz.

Villa-dos-Ilheos, par la situation avantageuse
de l'embouchure du fleuve, et par son port
bien abrité quoique petit, a les plus grandes fa-
cilités pour faire un commerce très-actif. Le
fleuve n'est pas très-considérable, sa source se
trouvant à peu de distance dans les grandes

forêts : un peu au-dessus de la Villa il se partage
en trois branches. La plus septentrionale, nommée *Rio do-Fundas*, est la moins longue et la
moins forte ; la moyenne ou la principale, ou
le *Rio-da-Cachoeïra*, vient des grandes forêts
qui couvrent l'intérieur du sertam de la capitainerie de Bahia ; la plus méridionale est la seconde pour la grosseur. La fazenda da Santa-
Maria, située sur ses bords, lui a fait donner
le nom de *Rio-do-Engenho*.

Curieux de connaître les indigènes du Rio-
dos-Ilheos, je résolus de visiter le Rio-Itahypè,
nommé ordinairement Taïpè, qui a son embouchure à un demi-mille au nord de celle du
Rio-dos-Ilheos. On a depuis long-temps fait sur
ses bords un établissement pour les Ghérins,
tribu des Aymorés ou Botocoudys ; elle porte
le nom d'*Almada*. On y arrive en un jour en
remontant le fleuve depuis son embouchure ;
la route est fort agréable, et procure beaucoup
d'occupation au chasseur.

Le Taïpè est d'abord très-peu considérable :
un grand nombre de jolies fazendas ornent ses
bords ; toutes sont environnées de cocotiers, et
plusieurs des plus considérables de bocages de
ces arbres. Les coralès ou camboas sont la plu-

part sur le bord du fleuve : ce sont des enclos très-ingénieusement inventés pour prendre le poisson (1). On pêche beaucoup dans ce canton. Les tortues de rivière y abondent : j'en ai déjà parlé au sujet du Belmonte (2).

Nous avons entendu dans les bois voisins le

---

(1) Le camboa ou coral est arrangé de la manière suivante. On fiche en terre, sur le bord du fleuve, une ligne de roseaux qui forment un mur et descendent jusqu'au fond de l'eau. L'extrémité est assez éloignée du bord du fleuve pour que l'on puisse y joindre trois compartimens arrondis, entourés de roseaux, et disposés en sorte que le poisson y puisse entrer aisément, et que, lorsqu'il se sent enfermé, il ne trouve pas le moyen de sortir. Vu à vol d'oiseau, un de ces coralès a la figure d'une feuille de trèfle dont le pétiole est perpendiculaire à la rive du fleuve.

(Ces coralès ressemblent beaucoup à ce que l'on nomme en France des parcs. On en voit sur le rivage de la mer, dans le département de la Seine-Inférieure, et ailleurs. E.)

(2) Je l'ai nommée *testudo depressa*; M. Merrem lui a donné le nom d'*émis depressa* dans son système des amphibies, p. 22; c'est une espèce entièrement nouvelle que je vais décrire brièvement. Corps très-aplati, le cou allongé ne peut pas se retirer, l'animal le place entre les bords du carapace et ceux du plastron ; deux barbillons autour du menton ; le disque du carapace offre trois plaques hexagones, bordées de dix autres plus grandes ; celles des bords sont au nombre de vingt-cinq, dont l'antérieure est étroite et allongée ; le plastron est composé de treize plaques, l'ouverture postérieure

sifflement doux du petit sahui (*jacchus penicillatus*, Geoffroy), qui le parcourt en troupe.
Les habitans du voisinage élèvent fréquemment

---

occupe chez la femelle presque toute la longueur de la queue
qui est très-courte ; celle du mâle est plus longue ; les pattes
de devant ont cinq doigts réunis par une membrane, celles
de derrière n'en ont que quatre ; tous sont armés d'ongles
forts et aigus La couleur de cette tortue est olive noirâtre,
le dessous du cou jaunâtre pâle, avec des taches et des raies
noirâtres derrière les barbillons ; il y en a une qui a la forme
d'un fer à cheval. Le carapace est ordinairement couvert
d'un byssus vert noirâtre foncé ; quand on le nettoie, il
paraît brun avec des raies noires qui vont en rayons de l'extrémité supérieure de chaque plaque à son extrémité inférieure ou antérieure; à la partie antérieure de chaque patte
de derrière on voit devant l'articulation inférieure une apo-
physe cornée jaunâtre, semblable à un ongle un peu comprimé.

Je trouvai dans les marais et les prairies inondées d'Espirito-Santo une petite tortue qui ressemblait beaucoup à
celle-là par les principaux caractères ; elle s'en distingue par
son carapace plus étroit, moins aplati et un peu relevé sur
les côtés ; les plaques du plastron sont traversées par des lignes parallèles, le dessous du cou est jaunâtre pâle, sans
tache. Ces différences sont si petites que je ne sais s'il faut
regarder cette tortue pour une espèce particulière ou pour
une *testudo depressa* encore jeune. Il est remarquable que la
plupart des tortues d'eau douce de l'Amérique méridionale
semblent appartenir à la division de ces animaux qui se distinguent par des barbillons ou appendices membraneux sous

les petits de ces animaux délicats ; quoiqu'on parvienne à les apprivoiser, ils conservent presque toujours beaucoup de disposition à mordre. On les aimerait beaucoup en Europe, et on les y apporterait souvent s'ils pouvaient supporter le voyage par mer.

On voit sur le Taïpé un moulin à sucre et plusieurs guildiveries ou engenhocas. L'espèce la plus commune d'eau-de-vie de sucre porte au Brésil le nom d'*agoa ardente de canna*; celle qui est un peu mieux distillée s'appelle *agoa ardente de mel*, et la meilleure, qui vient de Bahia, *cachoza*. On apporte d'Europe plusieurs espèces de liqueurs fortes, par exemple l'*agoa ardente do reino* qui vient de Portugal, le genèvre ou genièvre de Hollande, le rhum, etc.

On cultive, dans les fazendas du Taïpé, le

---

le menton. Dans toute la partie du Brésil que j'ai parcourue je n'ai trouvé que de ces tortues d'eau douce. M. de Humboldt semble dire la même chose des rivières situées plus au nord. On peut consulter les détails intéressans qu'il donne sur la recherche des œufs de tortue dans l'Orénoque, dans le second volume de sa relation historique, p. 245 de l'édition in-4°. Il décrit deux espèces nouvelles, le *testudo arrau* et le *testudo terestay*, qui ressemblent beaucoup à celle que j'ai trouvée.

manioc, le riz, la canne à sucre, etc. ; mais, ainsi que je l'ai déjà dit, on ne fait pas assez de manioc pour pouvoir approvisionner Villa-dos-Ilheos : preuve manifeste de l'indolence et du peu d'industrie des habitans. Ils sont contens quand ils ont un peu de farinha, de poisson et de viande salée, et quand de temps en temps ils trouvent des crabes (*caranguejo*) dans les buissons voisins. Il en est bien peu qui songent à améliorer leur état ou à mieux cultiver la terre. Leur nonchalance va si loin, qu'il leur est indifférent de pouvoir gagner de l'argent. Le café vient très-bien sur les bords du fleuve, cependant on le cultive peu. Le commerce de cette denrée est insignifiant ; et le café, si prisé, si recherché chez nous, est à vil prix à Villa-dos-Ilheos.

Les parties inférieures du fleuve sont seules ornées de fazendas et de maisons ; quand on a remonté plus haut, on n'aperçoit plus des deux côtés que de hautes forêts ; dans les endroits nus le rivage offre en général une belle verdure, et tantôt des éminences considérables, tantôt de jolies collines. Du sein des forêts les plus hautes s'élancent les cimes des cocotiers. Une quantité de plantes aquatiques forment sur chaque rive une haie épaisse, du milieu de laquelle sort l'aninga (*arum liniferum*, Arruda). Ce végétal, avec ses tiges coniques amincies par en haut, qui ont sept à huit pieds de longueur, et ses grandes feuilles sagittées, compose un singulier buisson. Pison l'a représenté de la manière la plus fidèle dans son traité de *Facultatibus simplicium* (1).

Plusieurs oiseaux vivent sur ces plantes aquatiques, entre autres la grive à cou jaune et nu (*turdus brasiliensis*), le piacoça ou jacana (*parra jacana*, L.), et la belle poule d'eau bleue (*gallinula martinicensis*), que nous n'avions pas vue depuis long-temps. Cet oiseau a un plumage magnifique, et ressemble parfaitement, par sa manière de vivre, à la poule d'eau d'Europe (*gallinula chloropus*); elle nage de même très-bien, et saute sur les tiges et les branches des plantes aquatiques. Le grand myua (*plotus melanogaster*) était commun en ce lieu, et moins farouche que ceux des rivières plus méridionales: nous en avons tué plusieurs, ainsi que le joli picapara (*plotus surinamensis*, L., ou *podoa*, Illiger), qui emporte

____

(1) Liv. 4, C. LXX, p. 1o3, de son ouvrage sur l'histoire naturelle du Brésil.

ses petits en les couvrant de ses ailes comme le plongeon (*podiceps*).

Les loutres procurent aussi sur ce fleuve un passe-temps agréable au naturaliste. Elles vivent en société, et viennent en nageant autour des canots jusqu'à portée de fusil ; quelquefois elles s'élèvent au-dessus de l'eau, respirent en reniflant fortement, et font entendre un bruit singulier. Quelquefois elles se montrent avec un gros poisson à la gueule, comme si elles voulaient faire parade de leur proie, puis rentrent promptement dans l'eau. On les prend rarement, parce que le coup de fusil ne les blessant pas mortellement on ne les revoit plus.

Les bords de toutes ces rivières nourrissent aussi des cabiais ; mais ces animaux n'y sont pas aussi nombreux que dans les pays situés plus près de l'équateur ; quoique M. de Humboldt les trouvât très-communément sur l'Apouré et l'Orénoque, même par troupes de soixante à cent. D'après le témoignage de cet illustre voyageur, le cabiais ou chiguiré, mange du poisson, assertion dont je suis obligé de douter (1).

---

(1) Voyez *Voyage aux régions équatoriales du nouveau continent*, tom. II, p. 217.

L'on a dans ce canton ouvert à travers la forêt un petit canal latéral qui coupe un grand détour du fleuve, et abrége par conséquent la route pour les pirogues légères; il est très-bas dans le temps du reflux qui se fait encore sentir très-fortement à cette distance, et quelquefois même on ne peut pas y passer; mais dans le temps du flux, on n'éprouve pas la moindre difficulté. Plus haut le fleuve envoie un bras au nord à un grand lac qui s'étend à deux milles entre de jolies montagnes.

Ce lac, qui n'est connu que sous le nom générique de *Lagoa* est très-fameux dans tout le voisinage parce qu'il est très-poissonneux; il s'y fait quelquefois de grandes pêches; plusieurs habitans d'Iheos ont des plantations sur ses bords: il a à peu près deux milles d'Allemagne de longueur et un mille de largeur. Les montagnes boisées et très-pittoresques qui l'entourent offrent des plantations dans quelques endroits dépouillés de bois. Pendant le jour une petite brise (*viraçao*) s'élève sur la vaste surface de ce lac, et en agite les eaux avec tant de violence que les pirogues courent des dangers. On dit qu'il a jadis communiqué avec la mer, ce qui me paraît très-vraisemblable. Un endroit

bas entre deux collines peu élevées, le long de
la rive tournée du côté de l'Océan, semble avoir
été le point de la communication le plus tard
ensablé, ou la Barra. On ajoute que les coquillages de mer sont communs dans le lac, et que
sur certaine partie de ses bords on voit des
rochers percés de trous ronds et en forme d'entonnoir, comme ceux que les brisans de la mer
forment le long de la côte : ces trous portent
le nom de *caldeiras* (*chaudière*s).

Dans l'endroit où le Taïpé entre dans le lac,
ses bords sont garnis de grands buissons d'a-
ninga, sur les branches desquels sont perchées
des troupes de petits hérons, de savacous (*can-
croma cochlearia*, L.) et de cocoboïs (*ardea
virescens*); ces oiseaux se tiennent suspendus
au-dessus de la surface de l'eau, pour faire la
chasse aux poissons ou aux insectes et à leurs
larves. Immédiatement à l'entrée de la rivière
paraît une île fixe qui autrefois était flottante
sur la surface du lac : elle est formée de plantes
aquatiques, sur lesquelles a poussé une couche
de gazon qui a donné naissance à d'autres végétaux. Plusieurs des grands lacs d'Europe offrent des phénomènes semblables. L'île dont je
viens de parler s'est appuyée à une rive du

lac près de l'entrée du Taïpé et s'y est fixée. Les habitans de Villa-dos-Ilheos viennent souvent mettre à profit la richesse de ce lac en poisson; ils passent plusieurs jours sur ses bords , puis retournent chez eux avec une pêche abondante.

La beauté et l'utilité de ce lac lui ont donné une si grande valeur aux yeux des habitans du pays , que c'est un des premiers objets dont ils parlent aux voyageurs qui arrivent. Il se mêle à ces récits beaucoup de fables sur le lac, sur son origine , sur le canton qui l'entoure, sur les phénomènes qu'il présente ; on exagère fréquemment sa grandeur et ses bienfaits. On dit que les montagnes voisines sont riches en or et en pierres précieuses ; on a même placé au milieu des solitudes de ces montagnes un Eldorado fabuleux, ou un pays dans lequel il n'est pas nécessaire de prendre beaucoup de peine pour acquérir de grandes richesses. Les aventuriers européens avides d'or, excités par ces récits merveilleux, se sont hasardés dans toutes les parties du nouveau monde à chercher ce paradis si ardemment désiré; ils ont pour le trouver pénétré jusque dans les forêts les plus écartées de ce vaste continent, d'où pluiseurs ne sont jamais revenus.

C'est pourtant à cette soif des Espagnols et des Portugais pour l'or que nous devons le peu de notions incomplètes que nous avons sur l'état et la géographie de ces solitudes de l'intérieur de l'Amérique méridionale. La plupart des contrées de ce continent ont une tradition d'un pays de l'intérieur très-riche en or : La Condamine parle d'un Dorado ou d'une Lagoa dorada (1). M. de Humboldt (2) et d'autres écrivains en font aussi mention; une tradition semblable règne sur les bords du Mucuri et du Rio-dos-Ilheos. Cependant la croyance à l'existence de ces pays merveilleux est bien tombée aujourd'hui chez les planteurs de l'Amérique méridionale, car la pauvreté ordinaire des mineiros qui cherchent de l'or mène promptement à la conclusion que la culture de la terre dans ces pays si favorisés par

---

(1) *Voyage à la rivière des Amazones*, p. 98 *et* 129.

(1) *Ansichten der Natur*, p. 295.

Tableaux de la Nature, tom. II, p. 186. Arrowsmith a placé sur la carte de l'Amérique méridionale la Laguna del Dorado de l'Orénoque.

la nature est le plus sur moyen d'arriver à une richesse solide.

Nous sommes revenus du lac au Taïpé dont nous avons suivi le bras principal, en remontant à l'ouest son cours sinueux au travers des forêts, jusqu'à un endroit où il diminue considérablement. La nuit approchait, un gros oiseau, l'ibis vert brillant (*tantalus cayennensis*) parcourait les forêts en faisant entendre sa voix, précisément comme les bécasses dans les forêts d'Europe. Sa voix forte retentissait au loin dans cette solitude tranquille. Il faisait tout-à-fait sombre quand j'arrivai à Almada, dernière habitation que l'on rencontre en remontant le Taïpé. J'y fus reçu de la manière la plus amicale par M. Weyl, propriétaire, arrivé depuis peu de Hollande.

Almada n'indique encore que l'endroit où, il y a une soixantaine d'années, on avait essayé de fonder une aldea ou un village d'Indiens. Une tribu de Ghérins, qui sont issus des Aymorès ou Botocoudys, consentit à former un établissement, à condition qu'on leur donnerait du terrain et des maisons. La proposition fut acceptée ; on construisit des cabanes et une petite église ; un ecclésiastique et plusieurs

Indiens côtiers vinrent habiter l'aldea. Cet établissement a manqué. Les Ghérins moururent tous, à l'exception d'un vieillard nommé le capitam Manoel, et de deux à trois vieilles femmes; ensuite on emmena les Indiens côtiers pour peupler Villa de San-Pedro d'Alcantara qui est de même bien près de sa fin.

Plusieurs écrivains assurent que les Ghérins ont été réellement des Botocoudys; la ressemblance parfaite du langage de ces deux peuplades le prouve sans réplique. Des personnes qui les ont vus il y a trente ans disent qu'alors ils avaient des plaques aux oreilles et à la lèvre inférieure, et les cheveux coupés en couronne comme les Botocoudys. La branche des Aymorès qui vers 1685 chassèrent les Toupiniquins indigènes de la capitainerie de Bahia, et dont une partie dévasta Ilheos, San-Amaro et Porto-Seguro, appartenait aux Ghérins. Les uns sont ensuite retournés dans leurs forêts, les autres ont consenti à vivre dans des demeures fixes (1).

L'extérieur du vieux capitam Manoel fait voir qu'il est d'origine botocoudye; mais il a renoncé

---

(1) Southey, —*History of Brazil*, tom. II, p. 562.

aux ornemens caractéristiques de la peuplade ;
ses oreilles et ses lèvres ne sont pas défigurées
par des plaques de bois, et il laisse ses cheveux
croître sur le derrière de la tête. Toutefois il
manifestait beaucoup de prédilection pour sa
nation ; il éprouva un plaisir extrême quand il
m'entendit prononcer quelques mots de sa langue. J'excitai encore plus sa joie et sa curiosité
en lui disant que j'avais avec moi un jeune Botocoudy qui ne me quittait pas; il regretta beaucoup de ne pas le voir, car je l'avais laissé à
la Villa. Il en parlait sans cesse. Ce vieillard
conserve toujours son arc et ses flèches en mémoire de l'ancien temps. Il est endurci à la fatigue , encore vigoureux et en état de chasser
dans les forêts malgré son grand âge. Il aime
l'eau-de-vie par-dessus tout. L'arrivée de
M. Weyl dans ce canton a été pour lui l'événement le plus heureux qu'il pût souhaiter. Il
ne manque jamais, dans la maison de cet homme
bienfaisant, l'heure où on lui distribue généreu-
sement cette boisson divine. Jamais le capitam
Manoel n'a vu un temps plus heureux à Almada.

M. Weyl, qui a récemment choisi ce lieu
pour les plantations qu'il a le dessein d'établir,

est propriétaire d'un terrain d'une lieue carrée qui avait été assigné aux Ghérins pour s'y fixer. N'ayant pas encore eu le temps de bâtir une maison pour lui et sa famille, il s'est servi d'une de celles qui avaient été construites pour les Indiens. Il en subsiste encore trois, et c'est tout ce qui reste de Villa de Almada. M. Weyl a le projet de fonder ici une grande fazenda; toutes les circonstances semblent le favoriser. Il cultivera principalement le café et le coton, qui réussissent parfaitement dans ce canton où la plupart des végétaux annoncent par leur croissance vigoureuse l'excellente qualité du sol et du climat, et où les forêts sont remplies des plus belles espèces de bois.

Le nouveau colon compte se bâtir une maison et une église sur une hauteur d'où la vue est admirable. Du côté du nord on aperçoit le lac entre deux groupes de collines boisées et très-pittoresques ; derrière s'élève le mont nommé *O Queimado* (le brûlé): on dit que les mineiros en ont pendant un temps retiré beaucoup d'or et de pierres précieuses. L'horizon au-delà de ces hauteurs est borné par la Serra-Grande, chaîne de montagnes qui se prolonge vers la mer, et cache à l'œil les forêts que traverse le Rio-das-Contas. A gauche on aperçoit au loin le Sertam qui confine avec Minas-Geraës; des montagnes boisées s'élèvent les unes au-dessus des autres dans cette solitude. C'est dans ces forêts au sud-ouest que passe la route ouverte jusqu'à Minas-Geraës par le lieutenant-colonel Filiberto Gomès da Silva, et que j'avais formé le projet de parcourir.

Les environs d'Almada sont aussi très-pittoresques : le Taïpé s'y partage en plusieurs petits bras qui lui apportent le tribut de leurs eaux en sortant des vallées sombres, et se précipitent par-dessus des rochers en murmurant et formant de petites cascades. Au-dessous du flanc escarpé de la hauteur sur laquelle la maison sera bâtie, le fleuve s'élance en grondant par-dessus les obstacles que les rocs lui opposent, et offre ainsi une petite cascade. Le spectacle de cette nature grande, majestueuse et sauvage, dédommagera M. Weyl de la résolution courageuse qui lui a fait quitter sa patrie pour venir dans ce coin écarté vivre uniquement avec sa famille. Partout l'homme qui a de l'instruction trouve du délassement et de l'occupation ; mais dans toutes les classes, c'est au naturaliste qu'appartient en ce genre l'avantage sur les autres :

quel champ immense d'observations, quelle
source inépuisable de jouissances pures ne lui
offrirait pas cette demeure solitaire à la naissance du Taïpé!

Je passai à Almada une journée délicieuse
dans la compagie de M. Weyl et de sa famille.
Ensuite je retournai à Villa-dos-Ilheos où je
fis aussitôt les préparatifs nécessaires pour parcourir le sertam de Minas-Geraës par la route
ouverte il y a deux ans depuis le port. On a
beaucoup dépensé pour frayer cette route à travers les forêts, et dans ce court espace de
temps on l'a totalement négligée. Elle était
destinée à établir une communication entre les
territoires intérieurs des capitaineries de Minas-
Geraës et de Bahia et les ports de mer, pour
qu'ils pussent y transporter leurs productions,
et en faire venir les marchandises dont ils
avaient besoin. Quelques marchands de bestiaux arrivèrent effectivement du sertam à Villa-
dos-Ilheos avec des troupeaux de bœufs ou
boïadas; mais il ne trouvèrent ni à les y vendre, ni à les embarquer pour Bahia. Ils furent
obligés de donner leurs bœufs à vil prix. Ensuite, comme ces animaux faisaient du tort aux
plantations des habitans d'Ilheos, ceux-ci leur

firent la chasse, et les tuèrent à coups de fusil.
L'issue désavantageuse de cette entreprise dé-
tourna les marchands de bestiaux d'en essayer
d'autres. Depuis ce temps personne ne fréquente plus cette route, qui est aujourd'hui
tellement embarrassée de buissons, d'épines, de
lianes et de jeune bois, qu'un voyageur à cheval ne pourrait s'y frayer un passage sans la
hache et la serpe ; par conséquent des bêtes
de somme ne pourraient pas y marcher. Toutefois, convaincu que sur les montagnes de l'intérieur de la capitainerie de Bahia je trouverais
des productions de la nature entièrement différentes de celles de la côte, je me décidai à
entreprendre ce voyage pénible.

CHAPITRE XIV.

VOYAGE DE VILLA-DOS-ILHEOS A SAN PEDRO D'ALCANTARA, DERNIER ÉTABLISSEMENT EN REMONTANT LE FLEUVE.

Voyage à travers les forêts à San-Pedro. — Nuit passée sur le Ribeirao-dos-Quiricos avec le pont démoli. — San-Pedro d'Alcantara. — Voyage en descendant le fleuve à la Villa. — Semaine de Noël et fêtes. — Retour à San-Pedro. — Préparatifs pour gagner le Sertam à travers les forêts.

JE fus très-bien accueilli à Villa-dos-Ilheos par M. Amaral, juiz du lieu ; c'est au reste un avantage dont j'avais joui partout. M. Amaral mit beaucoup d'empressement à m'obliger, et s'efforça de nous rendre moins sensible le manque de subsistances dont souffrait la Villa; il eut la complaisance de faire venir de sa fazenda, située sur la grande lagoa, de la farinha et d'autres provisions pour mes gens.

M. Fraser, qui était venu de Belmonte avec moi, ayant trouvé un navire prêt à faire voile pour Bahia, en avait profité.

Le séjour de Villa-dos-Ilheos ne convenait pas aux Brésiliens que j'avais pris pour m'accompagner dans les forêts ; ils étaient tous grands buveurs d'eau-de-vie, et avaient occasionné plusieurs scènes désagréables. Je me décidai en conséquence à presser les préparatifs de mon voyage, et à le commencer aussitôt que je le pourrais. Un mineïro qui se trouvait à Villa-dos-Ilheos raccommoda les bâts ou cangalhas de mes mulets, le long voyage par terre depuis Rio-de-Janeiro jusqu'ici les ayant mis en très-mauvais état ; une réparation était d'autant plus importante, que ces animaux allaient entreprendre avec une charge très-pesante une course à travers des forêts entièrement inhabitées : les caisses et les paquets heurtent fréquemment contre les troncs d'arbres, et chaque fois ce choc les comprime ou même les écrase si le bât n'est pas mou et bien doublé, ou si la charge n'est pas bien en équilibre.

Mais le grand voyage que j'allais faire dans les forêts exigeait encore quelques autres arrangemens. Comme dans une course de quarante legoas à travers des cantons peu fréquentés je ne m'attendais pas à rencontrer une seule habitation humaine, il fallait emporter la provision de farinha, de viande salée et d'eau-de-vie nécessaire pour ma troupe. Un des mulets fut en conséquence chargé d'un baril de cette liqueur indispensable, deux autres portaient les vivres que l'on avait mis dans des sacs de peau de bœuf durcie (*boroacas*). Enfin chacun de mes Indiens avait sur le dos sa provision de farinha pour six à huit jours. On m'avait prévenu que dans cette route embarrassée par les buissons et les lianes je ne pourrais pas avancer sans le secours des haches et des serpes ; je fis en conséquence fabriquer plusieurs de ces outils d'une bonne trempe, et je les confiai à Hilario, à Manoel et à Ignacio, trois hommes que j'avais engagés pour ce voyage. Le premier était un mamelus, le second un mulâtre d'une force très-remarquable, endurci à la fatigue et accoutumé à parcourir les forêts, et le troisième un Indien.

Ces arrangemens terminés, je fis charger quelques grandes pirogues de notre bagage, et je partis de Villa-dos-Ilheos le 21 décembre. La route de Minas-Geraës commence dès le bord

de la mer , suit le cours du fleuve en remontant, et à une lieue et demi de la Villa s'enfonce
dans des forêts continuelles. Je débarquai le soir
à une fazenda où mes mulets, que j'y avais envoyés quelques jours à l'avance, s'étaient reposés
et avaient repris des forces au milieu d'excellens
pâturages. Je trouvai dans ce lieu un mineiro
nommé José Caëtano qui faisait abattre du bois
dans les forêts voisines et avait avec lui deux
jeunes sauvages de la tribu des Camacans ou
Mangoyos. J'aurai par la suite occasion de parler de cet homme que je pris à ma solde pendant quelque temps. Comme il m'apprit qu'un
pont de cette route était en si mauvais état que
l'on ne pouvait y passer, je dépêchai en avant
six de mes gens avec des haches pour examiner cet endroit , et en cas de besoin établir un
pont provisoire ou un plancher pour faciliter le
passage. Je chargeai en même temps deux de
mes chasseurs de les accompagner pour leur
procurer du gibier; je demeurai avec le reste
de ma tropa à la fazenda d'un certain Simam ,
d'où nous fîmes des excursions dans les forêts
voisines.

A peu de distance de la maison du maître de
la fazenda, un petit ruisseau se précipitait par-

dessus des rochers , entre des buissons touffus
d'héliconias, de cocotiers, et d'autres belles plantes, et coulait vers le fleuve. On jouissait dans
cet endroit d'un ombrage délicieux par sa fraîcheur. J'y trouvai souvent un joli petit oiseau
qui faisait entendre à toutes les heures du jour
un chant court mais assez agréable. J'avais déjà
trouvé ce chantre des forêts dans des bocages solitaires et sombres, entre des rochers
le long des ruisseaux (1). Je le rencontrai plus
fréquemment dans ce lieu, j'y découvris aussi
son nid qui était construit dans un trou le long
du rivage sous des buissons de jeunes palmiers.
Un grand nombre d'autres oiseaux animaient le
voisinage de la fazenda, entre autres les arassaris
(*ramphastos aracari*, L.). Ils étaient en foule
sur un genipayer voisin (*genipa americana*, L.)
couvert en même temps de belles fleurs blan-

____

(1) *Muscicapa rivularis*. Longueur, cinq pouces trois lignes;
envergure des ailes, sept pouces trois lignes ; front et côtés de
la tête gris cendré, les derniers un peu mêlés de blanchâtre;
une ligne blanche jaunâtre au-dessus des yeux ; gorge jaunâtre blanche; poitrine grise jaunâtre, de même que le
croupion et les plumes du dessous de la queue; tout le dessus
du corps vert olive avec une forte nuance de vert clair. Cet
oiseau a la manière de vivre et les mœurs des fauvettes.

ches et de fruits. D'autres grands arbres étaient tellement surchargés de nids de japuis (*cassicus persicus*) qu'on en voyait un suspendu à chaque branche. Ces cassiques faisaient entendre sans relâche leur voix rude, et montraient comme nos étourneaux un talent singulier à imiter la voix de tous les oiseaux qui se trouvaient dans leur voisinage. Leur plumage noir et jaune bien tranché est magnifique, surtout quand l'oiseau étale sa queue, et grimpe en voletant à son nid en forme de bourse.

Mes gens revinrent après un jour et demi d'absence avec la nouvelle que le pont ne pouvait se réparer et que par conséquent le passage serait très-difficile. Cependant je partis le 24 décembre avec toute ma tropa pour essayer de le franchir ; je trouvai la route encore plus mauvaise qu'on ne me l'avait dépeinte. Partout les épines déchiraient la peau et les vêtemens des voyageurs : il fallait constamment se frayer un chemin avec la serpe ; souvent des halliers touffus de banano do mato (*heliconia*) avec leurs longues feuilles roides rendaient, à cause de l'humidité de la rosée, la marche dans les forêts extrêmement pénible et désagréable. La route monte et descend à travers des forêts

immenses et sombres, remplies d'arbres gigantesques qui sont excellens pour la charpente
et pour toutes sortes de travaux. Dès le premier
jour de notre course dans ces solitudes, nous
avons franchi plusieurs montagnes considérables; je noterai entre autres le miriki, ainsi
nommé de la grande quantité de singes (*ateles*)
qu'on y a trouvés, et le jacaranda, où la belle
espèce de mimosa qui porte ce nom est extrêmement commune. On a sur cette dernière tracé
le chemin en serpentant; néanmoins la montée
fut extrêmement rude pour nos mulets chargés:
les pauvres animaux s'arrêtaient souvent, se re-
posaient, puis se remettaient en marche. Les
vallées solitaires, où les palmiers nombreux
font surtout l'ornement des bois touffus, nous
présentèrent de bien plus grands obstacles; souvent nos animaux s'enfonçaient profondément
dans un sol marécageux et mou (*atoleiro*). Des
chasseurs qui connaissaient la route ouvraient
la marche; ils avertissaient la tropa de ces sortes d'empêchemens; alors on faisait halte; les
cavaliers descendaient de cheval, les chasseurs
posaient leurs armes sur les arbres voisins, on
se débarrassait de sa charge et chacun mettait la
main à l'ouvrage. On abattait les arbres les

moins gros, on les étendait sur le chemin, on les recouvrait de feuilles de palmier et de branchages, et on se frayait par ce moyen un passage artificiel.

C'est ainsi que nous parvenions à avancer à force de travail par la chaleur du jour; mais souvent nous ne tardions pas à rencontrer des arbres gigantesques étendus en travers de la route, large de huit à dix pas; il fallait alors absolument ouvrir un sentier latéral dans la partie la plus touffue du bois, et éviter de cette manière l'obstacle qui se présentait. Ces difficultés, qui arrêtent le voyageur dans ces solitudes immenses et retardent singulièrement sa marche, ne sont nullement effrayantes au commencement d'une tentative semblable à la mienne, quand la santé n'en souffre pas, et que l'on n'éprouve pas le manque de provisions. L'homme continuellement actif oublie les peines auxquelles il est assujetti, et l'aspect des forêts majestueuses donne de l'occupation à son esprit par des scènes toujours nouvelles et variées; l'Européen surtout qui les parcourt pour la première fois est dans une distraction continuelle. La vie, la végétation la plus abondante sont répandues partout; on n'aperçoit pas le plus petit espace dépourvu de plantes. Le long de tous les troncs d'arbres on voit fleurir, grimper, s'entortiller, s'attacher les grenadilles, les caladium, les dracontium, les poivres, les begonia, les vanilles, diverses fougères, des lichens, des mousses d'espèces variées. Les palmiers, les melastoma, les bignonia, les rhexia, les mimosa, les inga, les fromagers, les houx, les lauriers, les myrtes, les eugenia, les jacaranda, les jatropha, les vismia, les quatelés, les figuiers, et mille autres espèces d'arbres, la plupart encore inconnus, composent le massif de la forêt. La terre est jonchée de leurs fleurs, et l'on est embarrassé de deviner de quel arbre elles sont tombées. Quelques-unes des tiges gigantesques chargées de fleurs paraissent de loin blanches, jaune foncé, rouge éclatant, roses, violettes, bleu de ciel, etc.; dans les endroits marécageux, s'élèvent en groupes serrés, sur de longs pétioles, les grandes et belles feuilles elliptiques des héliconia, qui ont souvent huit à dix pieds de haut, et sont ornées de fleurs de forme bizarre rouge foncé ou couleur de feu. Sur le point de division des branches des plus grands arbres, croissent des bromelia énormes, à fleurs en épis ou en panicules de couleur écarlate ou de teintes également belles ; il en descend de grosses touffes de racines semblables à des cordes qui pendent jusqu'à terre, et causent de nouveaux embarras au voyageur. Ces tiges de bromelia couvrent tous les arbres jusqu'à ce qu'elles meurent après bien des années d'existence, et, déracinées par le vent, tombent à terre avec grand bruit. Des milliers de plantes grimpantes de toutes les dimensions, depuis la plus mince jusqu'à la grosseur de la cuisse d'un homme, et dont le bois est dur et compact, des bauhinia, des banisteria, des paullinia et d'autres s'entrelacent autour des arbres, s'élèvent jusqu'à leurs cimes, où elles fleurissent et portent leurs fruits sans que l'œil de l'homme puisse les y apercevoir. Quelques-uns de ces végétaux ont une forme si singulière, par exemple certains banisterias, qu'on ne peut pas les regarder sans étonnement. Quelquefois le tronc autour duquel ces plantes se sont entortillées meurt et tombe en poussière; l'on voit alors des tiges colossales entrelacées les unes les autres en se tenant debout ; et l'on devine aisément la cause de ce phénomène. Il serait bien difficile de présenter fidèlement le tableau de ces forêts, car l'art restera toujours en arrière pour les dépeindre.

· Le premier jour j'arrivai dans la soirée à un endroit que l'on a nommé *Coral-do-Jacaranda*, parce que les troupeaux de bœufs qui venaient du sertam y avaient jadis passé la nuit. Les bouviers (*vaqueïros*) élèvent un parc ou coral en coupant des perches, qu'ils attachent horizontalement aux troncs des arbres assez fortement pour que les bêtes à cornes ou les chevaux ne puissent pas s'échapper pendant la nuit. Le Coral-do-Jacaranda était enfoncé dans une partie de la forêt si touffue et si haute qu'il y fit sombre de très-bonne heure. Nous avons encore trouvé contre l'enceinte une couple de vieilles cabanes (*ranchos*) construites fort légèrement comme celles que nous avions déjà vues : elles consistent en une palissade de perches posées obliquement, et que l'on couvre de pattioba ou d'autres feuilles pour se garantir de la pluie. Celles qui subsistaient encore en cet endroit étaient si vieilles et en si mauvais état qu'elles ne nous procurèrent pas le moindre abri ; et pourtant la nécessité d'y passer le temps de l'obscurité nous le rendait bien nécessaire : en effet, vers le milieu de la nuit, il tomba une ondée de pluie qui nous mouilla tous complétement. Le lendemain matin le ciel était clair et serein ; toutefois il s'écoula encore un certain temps avant que nous fussions assez réchauffés par le café et un bon feu pour que nous pussions nous remettre en route. Nos bêtes de somme avaient passé une plus mauvaise nuit que nous, si c'était possible, car, après leur première journée de voyage, à peine avaient-elles trouvé dans la forêt un peu d'herbe pour apaiser leur faim. La forêt était encore si humide, que ce fut un travail pénible et extrêmement désagréable de continuer à parcourir cette route embarrassée de branchages touffus.

Durant cette seconde journée de marche à travers ces bois antiques, nous avons rencontré plusieurs ruisseaux qui roulaient, en murmurant, leurs eaux fraîches et limpides sur des lits de rochers. Sur leurs bords croissaient de nouvelles espèces de sauge, dont les fleurs étaient d'un rouge foncé. Une plante remarquable, que je n'avais pas encore rencontrée, et que je n'ai pas non plus revue, fixa surtout notre attention : elle a une tige ligneuse haute à peu près de deux pieds, et portant des feuilles presque opposées, charnues, ovées, acuminées ; entre les feuilles s'élèvent des pédoncules allongés, minces, presque filiformes, flexibles, qui sont penchés, et ont à peu près huit à dix pouces de longueur. Ils portent à leur extrémité une fleur à calice violet foncé, quinquéfide, dont les divisions sont étroites, lancéolées et acuminées ; la corolle, longue de deux pouces, d'un rouge éclatant, large, un peu rentrée par-devant près de son ouverture, est, de même que le calice et le pédoncule, parsemée de petits poils blanchâtres. Les anthères sont rapprochées près de l'ouverture de la corolle, et portées sur des filamens distincts. Cette belle plante, de la didynamie angiospermie, ne s'est offerte à mes regards que dans ce seul endroit, et par malheur je n'ai pas pu en recueillir la graine, puisque je n'en ai pas vu le fruit.

Nous n'avons pas, pendant cette journée, rencontré beaucoup de montagnes ; en revanche d'autres obstacles, dont nous n'avions pas pu jusqu'alors connaître toute la force, ont été nombreux. Suivant ma coutume je précédais ma tropa à cheval, et j'avais devant moi deux hommes armés de serpes et de haches pour débarrasser la route de buissons : tout à coup j'entendis mes gens derrière moi m'appeler, et tous les mulets courir de mon côté. L'indocilité de ces animaux ne me laissa d'autre parti à prendre que de leur faire place aussi promptement que je le pus, pour n'être pas heurté par les caisses qu'ils portaient. Tous se mirent à courir, et la continuité de leurs ruades violentes me fit seule deviner la cause de leur fuite. Ils avaient, en passant dans la forêt, touché sur les feuilles des plantes un nid de marimbondos. Des essaims de ces guêpes féroces, dont la piqûre cause une douleur cuisante, s'étaient jetés sur les pauvres mulets ; ils ont une si grande frayeur de cette piqûre, qu'ils prennent aussitôt la fuite et se précipitent éperdus dans les halliers les plus touffus et les plus embarrassés d'arbres épineux. Mes gens n'étaient pas non plus exempts d'accidens : l'un avait mal à la tête, l'autre au visage ; enfin, au bout d'un temps assez considérable, la tropa se réunit et se remit en ordre.

On connaît plusieurs espèces de marimbondos : ce sont de petites guêpes allongées ; la plus méchante et la plus grosse est d'un noir brunâtre ; une autre espèce est jaune brunâtre. Elles attachent à un arbre ou à une plante quelconque, à une petite élévation au-dessus de terre, leur nid, construit à la manière de celui des guêpes d'Europe : il consiste de même en une masse d'un gris blanc, semblable au papier, et a généralement une forme elliptique pointue aux deux extrémités : il est attaché par sa partie supérieure ; à l'inférieure il a une petite entrée ronde, quelquefois il est arrondi. Ces habitations dangereuses sont souvent fixées à la surface inférieure d'une des grandes feuilles de l'héliconia ; lorsqu'il arrive à un voyageur de les toucher par hasard, même légèrement, les guêpes irritées en sortent à l'instant en foule pour se venger. Les Brésiliens évitent respectueusement ces nids quand ils ne peuvent pas les détruire promptement.

A midi j'arrivai à un endroit de la forêt où le Ribeirão-dos-Quiricos, torrent profondément encaissé, coulait jadis sous un pont : il n'y en avait plus ; il était par vétusté tombé dans l'eau. Cet aspect désagréable nous faisait pressentir le retard dont nous étions menacés ; en conséquence je me décidai à passer la nuit dans cet endroit, pour donner à mes gens le temps de faire passer la tropa. Près du pont nous avons trouvé une vieille cabane d'Indiens ;

le toit de feuilles de cocotier était en partie pourri, cependant il nous procura encore un abri passable contre l'humidité de la nuit. On rencontra aussi près du rancho quelques grils de sauvages faits de bâtons courts, ce qui facilita aux chasseurs de l'avant-garde les moyens de pourvoir à notre repas. Ils nous menèrent à leur camp; nous y vîmes un pécari, trois singes mirikis et un jacutinga étendus sur les grils, coup d'œil très-satisfaitant pour des voyageurs affamés : nous nous assîmes tous autour du feu, et l'on se raconta mutuellement les aventures de la journée. Hilario, un des chasseurs, après avoir tué le pécari, l'avait laissé sur la place et couvert de branchages pour venir le chercher le lendemain matin ; mais lorsqu'il revint, un gros jaguar avait dévoré la meilleure partie de l'animal. Le voyageur qui parcourt ces forêts immenses doit s'estimer heureux de trouver de quoi se sustenter ; aussi fûmes-nous très-satisfaits de ce que le jaguar nous avait laissé quelque chose.

Après qu'on eut repris des forces, il fut question de transporter le bagage de l'autre côté du torrent, opération dans laquelle les Indiens montrèrent beaucoup d'habileté et d'adresse.

Ayant posé une poutre en travers, ils marchèrent dessus en portant une caisse pesante sur
leurs épaules, et passèrent ainsi tout le bagage
sans le plus petit accident à la rive opposée.
Les mulets nous causèrent plus de difficulté.
Les bords du torrent étaient hauts, escarpés,
glissans, au-dessous le terrain était bas et marécageux ; les pauvres animaux eurent beaucoup de peine à gravir la rive opposée, ils enfonçaient dans le lit du torrent ; on fut obligé
d'y poser les débris du vieux pont ; grâces à ce
secours on les amena tous de l'autre côté.

Cette opération était à peine terminée que
la nuit nous surprit. C'était la saison des pluies :
d'épais nuages couvraient l'atmosphère, ce qui
produisait dans la forêt une obscurité incroyable ; elle semblait encore plus profonde à la
clarté de notre feu. Une quantité innombrable
de grenouilles faisaient retentir leurs voix du
milieu des touffes de bromelia qui couvraient
les cimes des arbres ; c'étaient autant de cris
différens, les uns étaient rauques et brefs,
d'autres ressemblaient à un instrument qu'on
frappe, ceux-ci à un sifflement bref et clair,
ceux-là à un claquement : des insectes luisans,
semblables à des étincelles, voltigeaient de tous

les côtés, notamment le taupin lumineux (*elater noctilucus*), avec ses deux taches ardentes d'où jaillit une lumière verdâtre : aucun de ces insectes lumineux ne l'est à un plus haut degré que le ver luisant d'Europe (*lampyris noctiluca*). Nous n'avons jamais aperçu le moindre vestige de la lueur éclatante du fulgore porte-lanterne (*fulgora laternaria*), quoique nous ayons souvent pris cet insecte sur les arbres, principalement sur le cacheté, et les habitans du pays n'ont pas confirmé ce que l'on rapporte de la clarté qu'il répand, ce qui me fait supposer que l'on a débité des fables à ce sujet. M. de Humboldt dit que dans son voyage sur l'Orénoque il a entendu pendant la nuit la voix des singes, du paresseux et des oiseaux de jour (1). Quant à moi, je n'ai rien ouï de semblable dans les forêts du Brésil oriental ; les jaguars, les chouettes, les engoulevens, le juo (*tinamus noctivagus*), les grenouilles, les crapauds et quelques lézards, sont les seuls animaux dont les cris y frappent l'oreille du voyageur.

(1) *Voyage aux régions équatoriales du nouveau continent*, tom. II, p. 221 (4°).

Le troisième jour de mon voyage dans les forêts je rencontrai un picade ou sentier qui a été fréquenté par les habitans de San-Pedro-d'Alcantara ; il facilita beaucoup ma marche à travers les bois ; cependant il se terminait vis-à-vis un endroit de la rivière que l'on appelle *Banco-do-Cachorro* (banc ou rocher des chiens). Les habitans ont coutume, depuis ce point, de suivre un autre sentier le long de la rivière, mais comme il est impraticable pour les animaux chargés je fus obligé de suivre le chemin : triste nécessité, il devint encore plus mauvais qu'auparavant, quoiqu'on lui ait donné un peu plus de largeur qu'à celui du Mucuri ; les troncs renversés et fendus, les épines, les buissons, les jeunes arbres mouillés par l'abondance des pluies, arrêtaient sans cesse notre marche. Nous avons trouvé, dans un recoin solitaire entouré de broussailles touffues, un repaire qu'un gros jaguar s'était fait en écartant à sa manière les herbes et les branchages, et qu'il avait abandonné depuis peu.

De belles plantes fleurissaient à l'ombre de ces bois touffus ; les arbres majestueux y étalaient leurs cimes gigantesques ; en quelques endroits le sol était comme parsemé de grandes fleurs cramoisies d'une grenadille ; la tige de cette plante sarmenteuse grimpe le long des arbres, et s'entortillant dans les branches du faîte les réunit en une pelotte monstrueuse. De superbes bignonia ornaient chaque côté de notre route, et leurs fleurs roses, blanches, lilas, violettes, de toutes les nuances, paraient la terre au-dessous des plantes qui les avaient vu naître. Le pao d'arco, dont, ainsi que je l'ai déjà dit, les sauvages qui demeurent plus au nord font leurs arcs, se distinguait à sa belle couleur jaune foncé. C'est vraisemblablement cet arbre si utile par son bois dur et élastique que Marcgraf a décrit et figuré sous le nom de *guirapariba* ou *urupariba* (1). Ceux que nous vîmes n'avaient pas encore développé leurs feuilles; leurs branches étaient surchargées de fleurs. Les troncs étaient couverts de *dracontium pertusum* à fleurs blanches, et de plusieurs espèces de caladium, qui ne contribuaient pas médiocrement à embellir la masse des végétaux dont nous étions entourés, pendant qu'un léger mouvement de l'air apportait à notre odorat l'odeur suave des vanilles. Cette plante

____

(1) Pag. 118.

charmante est très-commune ; cependant on
la recherche peu et on en tire rarement parti ;
plusieurs animaux, entre autres les rats et les
souris, dévorent avec une avidité singulière ses
gousses encore vertes.

Les nombreuses espèces de fougères ca-
chaient le sol, notamment sur l'ancien emplacement de la route, et comme elles avaient
souvent huit à dix pieds de hauteur, il fallait
se frayer avec beaucoup de peine une issue à
travers leurs panaches touffus. Plusieurs espèces sont petites et cherchent l'ombre, d'autres
au contraire sont si fortes qu'elles peuvent om-
brager un homme à cheval. Je dois remarquer
à ce sujet que l'on a déjà trouvé dans ces
cantons deux genres de cette famille qui sont
épineux, et que l'on peut ranger parmi les fougères arborescentes. Egratigné et déchiré par
les épines, traversé par la pluie, épuisé par la
transpiration continuelle que cause la chaleur,
le voyageur se sent néanmoins transporté d'admiration à la vue de cette magnifique végétation.

La pluie qui tombait par torrens augmentait
pour nous les désagrémens de la route, mais
n'empêchait pas les habitans des forêts de se
faire entendre. Nous fûmes tout à coup surpris

par le cri singulier d'un oiseau de proie que nous n'avions pas encore vu. Sa voix était extrêmement perçante et retentissante : c'était un cri plaintif, fort, diminuant peu à peu, et précédé de quelques sons brefs et distincts ; on aurait dit du chant d'une poule qui pond. Cet oiseau, appelé par les habitans *gavião do sertam*, est décrit par Buffon sous le nom de *petit aigle d'Amérique* (*falco nudicollis*. Daudin.) ; il était perché sur les cimes des arbres les plus hauts. Je fis faire halte à la tropa ; deux chasseurs s'approchèrent tout doucement ; peine inutile ; la pluie avait tellement mouillé leurs armes qu'ils ne purent pas s'en servir. Au reste les oiseaux avaient fini par s'envoler après que les armes eurent fait plusieurs fois long feu.

Nous n'étions pas éloignés de San-Pedro-d'Alcantara , dernier établissement que l'on rencontre en remontant le Rio-dos-Ilheos, car l'après-midi, en sortant de l'épaisseur des forêts, nous entrâmes dans les champs cultivés par les habitans ; ils y avaient planté les boutures de manioc entre les troncs d'arbres brûlés (1) : bientôt nous arrivâmes à leurs maisons.

____

(1) Weigl, missionnaire qui a parcouru la province de

Quel misérable village! On y compte une dixaine de chétives maisons bâties en terre, et une église qui n'est de même qu'une espèce de hangar en argile; cependant on a donné à ce lieu le nom de *Villa de San-Pedro d'Alcantara*; quelquefois on l'indique simplement par celui d'*As Ferradas*, parce qu'à peu de distance le fleuve est traversé par un lit de rochers que l'on appelle *Banca das Ferradas*. Ce village fut fondé il y a deux ans lorsqu'on eut achevé la route de Minas. On y rassembla des hommes de toutes sortes, quelques Espagnols, plusieurs familles indiennes, et des gens de couleur (*pardos*); enfin l'on tira des forêts voisines une troupe d'Indiens Camacans, qui sont une tribu des Mongoyos. Ces Indiens ne s'étendent au sud que jusqu'au Rio-Pardo; et au nord on les rencontre jusqu'au-delà du Rio-das-Contas, mais ils y ont entièrement renoncé à la vie sauvage. Ce n'est qu'ici, dans le

---

Maïnas et les rives du fleuve des Amazones, donne des détails sur la manière dont les Indiens abattent et brûlent les forêts pour établir leurs plantations. *Voyez* le recueil de Murr, intitulé *Reiser einiger Missionaere*, D. G. J. Nürnberg, 1785, 1 vol. 8°, p. 142.

sertam de la capitainerie de Bahia, qu'on peut encore les observer dans leur état primitif, car plusieurs n'ont jamais vu d'Européens. Cependant ils sont déjà plus civilisés que leurs voisins les Patachos et les Botocoudys ; ils ne vivent plus uniquement de la chasse, ils cultivent déjà des végétaux pour fournir à leur subsistance, et de cette manière s'attachent plus ou moins à l'endroit qu'ils ont défriché, quoique ce ne soit pas pour toujours. J'aurai plus tard l'occasion de décrire plus en détail les mœurs de ce peuple. J'ai déjà dit, en parlant de Belmonte, que j'y avais trouvé un reste de ces Indiens complétement dégénérés.

Villa-de-Almada, située sur le Taïpè, et dont j'ai fait mention plus haut, a fourni aussi quelques habitans à San-Pedro-d'Alcantara, surnommé *nas margems do Rio-da-Cachoeïra* (sur les bords du Rio-de-Cachoeïra). Lorsque l'église fut finie, l'ouvidor du comarca y installa le curé. A quelques journées de route plus loin, on bâtit une autre petite église à l'endroit où la nouvelle route arrive dans le sertam sur les rives du Rio-Salgado, on y célébra la messe, et on y établit des plantations pour les voyageurs ; mais ce petit établissement

est tombé en ruines, l'emplacement est re-
devenu un désert, et ne sert à rien. Tous ces
travaux, toutes ces dépenses étaient inutiles,
puisque l'on n'a pas fait usage de la route, et
que dans peu de temps on ne pourra plus la
reconnaître. Les mineïros préfèrent à ce chemin pénible à travers les forêts celui qui traverse les campos ou les plaines nues du sertam
intérieur de la capitainerie de Bahia, parce
qu'ils ne trouvent à villa-dos-Ilheos ni la défaite de leurs marchandises, ni navires prêts
à partir pour Bahia. La décadence de Villa-
de-San-Pedro suivit la marche de celle de la
nouvelle route dont, pendant notre voyage,
des expériences fréquentes nous avaient prouvé
le mauvais état. Les hommes rassemblés par
force dans la Villa ne trouvant pas les secours
qui leur étaient nécessaires décampèrent en
partie ; beaucoup d'Indiens Camacans furent
emportés par une maladie contagieuse, et ceux
qui restaient regagnèrent à la hâte leurs forêts.
Villa-de-San-Pedro n'est habitée en ce moment
que par un curé et une demi-douzaine de familles, qui désirent ardemment que le gouvernement jette sur elles un regard de bienveillance. On disait que l'on allait de nouveau

dégager la route, et envoyer un renfort d'habitans.

Ce village est dans un canton entièrement sauvage, entouré de toutes parts de forêts qui sont remplies de bêtes farouches, et parcourues par des partis de Patachos. Ces Indiens n'ont encore causé aucun dommage aux habitans, mais comme on n'a pas pu les amener à conclure un traité, on s'en défie et on se garde d'autant plus d'avoir le moindre point de contact avec eux, que s'ils venaient attaquer les colons, ceux-ci sont en si petit nombre qu'ils ne pourraient pas se défendre. Les maisons des habitans sont entourées de plantations ; un petit sentier inégal qui les traverse mène à la grande route : nos mulets ne purent y passer avec leur charge que lorsqu'on leur eût ouvert la voie avec la hache.

Nous étions arrivés à San-Pedro un jour de grande fête, ce qui était bien contraire à mes intentions, car au Brésil on n'a pas la coutume de voyager ces jours-là. Notre séjour inattendu au pont détruit avait seul été cause de ce retard. Un de mes gens qui habitait San-Pedro essuya à ce sujet de vifs reproches de la part de sa femme ; la dispute faillit à se terminer par des voies de fait. Le lendemain c'était encore fête; le curé eut la complaisance de laisser à notre choix la fixation de l'heure du service divin. Ce respectable ecclésiastique était bien content de voir des gens avec lesquels il pouvait faire la conversation. Ses attentions pour moi ne cessaient pas. Ayant trouvé nécessaire de retourner à Villa-dos-Ilheos où j'avais quelques nouvelles dispositions à prendre, il me prêta une grande pirogue. Je cherchais un nègre à qui je pusse me fier et qui connût bien ces forêts, afin de le prendre avec moi; j'avais aussi besoin de plusieurs objets, dont je m'étais vainement flatté de pouvoir faire l'acquisition à San-Pedro.

Le Rio-dos-Ilheos, ou plutôt le bras de ce fleuve nommé Rio-da-Cachoeïra, passe près de Ferradas, ainsi que je l'ai dit plus haut; la route de Minas se dirige parallèlement à son cours depuis le bord de la mer jusqu'à San-Pedro et souvent même en est bien peu éloignée; c'est pourquoi on fait fréquemment le voyage de ce village à Ilheos par eau; on y emploie un jour. Pour remonter le fleuve, il en faut deux. Nous étions dans la saison sèche, le fleuve était si bas qu'en plusieurs endroits on avait beaucoup de peine à faire avancer la pirogue, car son lit est quelquefois presque entièrement rempli de quartiers de rochers et de pierres. Ces débris rocailleux le font un peu ressembler à la partie supérieure du Rio-de-Belmonte, avec cette différence pourtant, que l'Ilheos paraît toujours petit en comparaison du Belmonte qui est bien plus considérable. Il y a des chutes assez fortes, qui rendent la navigation difficile ; si les canoëiros ne sont pas expérimentés , ces petites cascades peuvent quelquefois être très-dangereuses ; celle que l'on nomme *Cachoëira do Banco do Cachorro* est la première quand on vient de San-Pedro, et une des plus fortes. Le fleuve dans son état ordinaire est assez fougueux dans cet endroit et tombe d'une hauteur de cinq pieds. Indépendamment de cette chute d'eau, il y en a encore quelques autres. Quoiqu'elles ne fassent pas courir de grands risques aux pirogues, souvent elles les remplissent d'eau, et mouillent les voyageurs ainsi que leurs bagages. Lors même que le fleuve est le plus bas, l'eau est toujours profonde entre certains rochers; les poissons se rassemblent ordinairement en grand nombre dans ces endroits parce que le courant y est moins rapide.

Nous avons vu sur des rochers de grands jacarés dont la couleur grise foncée indiquait l'âge avancé. Ordinairement ils plongeaient dans l'eau dès que nous nous approchions, et nous leur tirions inutilement nos fusils à deux coups. Ces jacarés ne deviennent jamais aussi gros que les autres crocodiles qui habitent plus près de l'équateur, puisque M. de Humboldt en a observé dans l'Apouré, dans l'Orénoque et dans d'autres rivières, qui avaient jusqu'à vingt et même vingt-quatre pieds de long. Le voyageur ne peut s'y baigner, sans danger et il a de plus à redouter les attaques des caribos ou caribitos, poissons altérés de sang.

Les bords de l'Ilheos étaient en général couverts des plus beaux bois. Les arbres gigantesques, les arbrisseaux, les moindres plantes, tou était en fleurs. Plusieurs espèces de mimosa semblaient être couvertes de neige ; elles exhalaient l'odeur la plus suave. Ces forêts sombres retentissaient fréquemment de la voix singulière du sébastiam (*muscicapa vociferans*); c'était un son haut et flûté répété à la fois par un grand nombre de ces oiseaux ; nous entendions aussi fréquemment la voix douce et agréable d'une espèce nouvelle de pigeon (1); on le nomme *pomba margosa* dans le sertam de Bahia, parce que sa chair est amère. On croirait qu'il prononce tout bas quelques mots ; les Portugais prétendent qu'il dit « *hum so fico* », sa voix est effectivement composée de quatre tons, qui, modulés très-doucement et distinctement, frappent agréablement l'oreille dans l'épaisseur des forêts et peuvent s'interpréter de cette manière. Le plumage de cet oiseau très-peu farouche est d'un gris cendré à peu près uniforme.

Mes Canoeïros firent passer la pirogue par-dessus les rochers qui l'endomagèrent beaucoup, le fond était comme tailladé. Le voyage en remontant de cette manière doit être encore plus préjudiciable pour les embarcations, car on en voit des éclats suspendus à toutes les

––––––––––––

(1) Je l'ai nommée *Columba locutrix* à cause de sa voix ; longueur, un pied huit lignes ; envergure des ailes, un pied six pouces dix lignes ; pieds rouges ; paupières rouge violet foncé ; plumage gris cendré foncé ; gorge un peu jaune rougeâtre ; tête, cou et poitrine gris pourpré ; ventre un peu plus pâle ; côtés du haut du cou violet un peu plus vif ; dessus du corps gris verdâtre cuivré, ou olive pâle chatoyant.

pointes de rochers. Une pirogue ne dure pas
long-temps sur ce fleuve.

A peu près à une legoa de la côte maritime,
l'Ilheos présente un tout autre aspect ; on n'y
voit plus de rochers ; les fazendas alternent
sur ses bords avec les forêts, des collines verdoyantes, tapissées de pâturages ou de plantations de cannes à sucre égaient les maisons qui
sont ombragées par des cocotiers; près de quelques-unes de ces habitations, j'ai trouvé de
petits bassins entourés de palissades, dans lesquels on nourrissait pour les manger à l'occasion des quantités de jabutis (*testudo tabulata*),
espèce de tortue qui vit dans les forêts.

J'arrivai à Ilheos à la fin de la semaine de
Noël ; beaucoup de monde s'y était rassemblé
à l'occasion de cette fête. On se préparait dejà
pour célébrer celle de Saint-Sébastien. On avait
planté un mai orné de drapeaux. Le jour de la
fête des hommes déguisés parcoururent la ville
au son du tambour et en faisant toutes sortes
de plaisanteries. On tire même pendant le jour
beaucoup de coups de fusil dans les rues; pendant la nuit le son de la guitare et le claquement des mains qui accompagne la baduca

retentissent partout. Les plus riches habitans
font les frais de cette fête ; on a coutume de
représenter la vie du saint par des travestissemens, des scènes théâtrales, des combats et
autres spectacles de ce genre. Les personnes
qui jouent dans ces momeries absurdes sont
choisies quelques jours à l'avance, puis revêtues du costume convenable. Le jour de Saint-
Sébastien il y avait deux partis qui se faisaient la guerre, des Portugais et des Maures ;
chacun avait ses capitaines, ses lieutenans, ses
enseignes, ses sergens, etc. On avait élevé près
de l'église un fort en branchages. Les Maures
prennent l'image du Saint et l'emportent dans
leur fort ; dans la dernière soirée le parti opposé le reprend et le reporte dans l'église avec
de grandes démonstrations de respect. Cette
représentation dura plusieurs jours pendant
lesquels le peuple était dans un mouvement
continuel et fréquemment à l'église ; en même
temps il ne s'occupa que de ses plaisirs en se
livrant à l'oisiveté et à toutes sortes de désor-
dres. Les Indiens, qui ne montrent aucune disposition pour les dogmes et les préceptes de la
religion, prennent quelquefois une part très-

vive à ces momeries et aux cérémonies extérieures. En conséquence on voit les missionnaires profiter de beaucoup d'usages des sauvages pour procurer à leur doctrine un accès
chez ces peuples. On trouve dans les relations
des voyageurs plusieurs exemples de cette coutume. M. de Humboldt, étant dans les Andes,
a vu les Indiens de la province de Pasto, mas-
qués et ornés de grelots, exécuter des danses sauvages autour de l'autel, tandis qu'un moine de
Saint-François élevait l'hostie. Les expressions de
cet illustre voyageur, quand il explique com-
ment la religion mexicaine s'est mêlée avec la
religion chrétienne, peuvent s'appliquer parfaitement aux indigènes de la côte orientale du
Brésil. Ce n'est pas un dogme, dit-il, qui
a cédé au dogme, ce n'est qu'un cérémonial
qui a fait place à l'autre. Les naturels ne connaissent de la religion que les formes extérieures du culte. Amateurs de tout ce qui tient à un ordre de cérémonies prescrites, ils trouvent dans le
culte chrétien des jouissances particulières. Les
fêtes de l'église, les feux d'artifice qui les accompagnent, les processions mêlées de danses et de
travestissemens baroques sont pour le bas peu-

ple indien une source féconde de divertisse-
mens (1).

On observe ici une différence, c'est que
beaucoup d'indigènes de la côte orientale du
Brésil n'observent pas même les cérémonies extérieures de la religion catholique; la raison en
est extrêmement simple; les Mexicains, avant
la conquête de leur pays par les Européens,
avaient une religion réglée, tandis que les Brésiliens étaient au degré le plus bas de la civilisation.

Mes affaires terminées à la Villa, je me rem-
barquai pour remonter le fleuve. Il fallut travailler péniblement, par un jour très-chaud,
pour hisser, quelquefois à trois et quatre pieds
de hauteur, les lourdes pirogues par-dessus les
quartiers de rochers et les sauts. Notre navigation fut très-agréable à la fraîcheur du soir,
l'air était embaumé par les émanations suaves
des fleurs des arbres du rivage, beaucoup plus
fortes en ce moment. Je mis deux jours à retourner à Villa-de-San-Pedro.

Durant mon absence, mes gens avaient ras-

____

(1) *Essai politique sur le royaume de la Nouvelle-*
Espagne, tom. I, p. 409; édition in-8°.

semblé beaucoup de curiosités d'histoire naturelle, entre autres un beau serpent qui n'a pas
encore été décrit. Je l'avais fréquemment trouvé
plus au sud sur le Paraïba et l'Espirito-Santo ;
mais il paraît que plus au nord on ne le rencontre
plus. Il se distingue par des taches rondes verdâtres, et disposées régulièrement sur tout son
corps (1).

Il devenait nécessaire de hâter mes préparatifs pour le voyage dans le sertam, afin de
profiter de la saison sèche qui était la plus favorable à mes recherches. Le mineïro José Caëtano,
dont j'ai déjà parlé, se trouvant en ce moment
à San-Pedro-d'Alcantara, m'offrit d'entrer à
mon service pour guider la tropa à travers les
forêts. Il s'entendait à gouverner les animaux,

____

(1) J'ai nommé ce serpent *Coluber Merremii*, en hom-
mage de mes sentimens de reconnaissance pous les services
que M. Merrem a rendus à l'histoire naturelle des amphibies.

Cette couleuvre a 148 plaques abdominales et 37 paires
de plaques caudales ; corps épais, arrondi, couvert d'écailles
lisses et noirâtres ; toutes celles de la partie supérieure sont
marquées d'une tache ronde verd jaune ou gris ; sur les côtés
les taches sont jaunes, le ventre est partout jaune clair,
avec quelques taches noirâtres sur les bords. Les plaques
caudales sont bordées de jaune et de noir.

à les charger, à les soigner ; enfin il connais-
sait cette route, l'ayant parcourue une fois
avec des troupeaux de bœufs qui venaient du
sertam. Un jeune Indien Camacan l'accompagnait constamment ; il nous fut utile pour la
chasse ; ordinairement on le faisait partir le matin en avant avec un de ses camarades, pour
chasser en nous attendant.

NOTICE *sur le quinquina du Brésil, dont il est
fait mention à la page 21 de ce volume.*

CETTE écorce de quinquina consiste en morceaux
longs de quatre à six pouces, larges d'un pouce et
demi à deux pouces, épais d'un demi-pouce, plus ou
moins. La plupart sont fortement arqués dans le sens
de leur longueur, de sorte que le côté intérieur est
relevé et forme une rigole large d'un demi-pouce
à un pouce, et d'un sixième à un quart de pouce de
profondeur. La couleur du côté extérieur est rouge
brun foncé mêlé de taches rougeâtres claires ; le côté
intérieur est beaucoup moins foncé, il a un aspect ligneux. L'extérieur est ridé, veiné et sillonné dans sa
longueur, et offre, à peu près comme l'angustura, des
fentes transversales. L'on observe aussi sur le côté des

élévations de couleur grise et rouge claire, qui paraissent être les restes d'un épiderme enlevé ; c'est probablement celui d'un lichen. La cassure de ce quinquina est inégale, un peu brillante, et ne montre presque aucune trace de bois ni de fibres. L'écorce entière semble, dans la cassure, ne consister qu'en une substance unique qui extérieurement est d'un rouge foncé brillant, et très résineuse, intérieurement rouge pâle, plus mate et moins résineuse. Elle est plus lourde que l'eau ; le goût en est d'une amertume désagréable, plus astringent que celui du quinquina rouge. Pulvérisée, elle ressemble à la poudre de garance, mais celle-ci présente un reflet brun, et celle du quinquina un reflet violet ; ce reflet ne peut se comparer à celui du quinquina rouge. La décoction de ce quinquina est rouge brun foncé ; mêlée avec une infusion de noix de galle, il en résulte un précipité gris rouge brunâtre et aussi fort que celui des autres espèces de quinquina ; l'acide muriatique a rendu le précipité le plus fort et le plus trouble, brun violet rougeâtre ; avec une décoction de tan, il n'a donné aucun précipité ; tous deux se sont amalgamés ; avec l'acétate de plomb, le précipité est devenu brun clair sale, tirant sur le rougeâtre ; la crême de tartre a donné une couleur de foie faible, et le sulfate de fer, une couleur bleue noire grisâtre.

L'on ne peut encore offrir aucun résultat satisfaisant

sur l'usage intérieur de ce quinquina, n'en ayant pas apporté une quantité suffisante à M. le docteur Bernstein qui s'est chargé de l'analyse qui précède. Son emploi paraît promettre plus d'efficacité dans les faiblesses d'estomac que les autres écorces de quinquina. Il n'est pas efficace contre les fièvres d'accès. Voyez aussi *Journal von Brasilien*, cahier 4, pag.

FIN DU TOME SECOND.

9 782013 662383